银川平原城市供水水源地安全与保护

孙永亮　黄小琴 / 主编

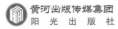

黄河出版传媒集团
阳　光　出　版　社

图书在版编目（CIP）数据

银川平原城市供水水源地安全与保护 / 孙永亮, 黄
小琴主编. -- 银川 : 阳光出版社, 2019.10
　　ISBN 978-7-5525-5081-8

　　Ⅰ. ①银… Ⅱ. ①孙… ②黄… Ⅲ. ①城市用水－水
源保护－研究－银川 Ⅳ. ①TU991.2②X52

中国版本图书馆CIP数据核字(2019)第263880号

银川平原城市供水水源地安全与保护 　　　　孙永亮　黄小琴　主编

责任编辑　胡　鹏
封面设计　晨　皓
责任印制　岳建宁

 黄河出版传媒集团　出版发行
　　　　　阳　光　出　版　社

出 版 人　薛文斌
地　　址　宁夏银川市北京东路139号出版大厦（750001）
网　　址　http://www.ygchbs.com
网上书店　http://shop129132959.taobao.com
电子信箱　yangguangchubanshe@163.com
邮购电话　0951-5014139
经　　销　全国新华书店
印刷装订　宁夏凤鸣彩印广告有限公司
印刷委托书号　（宁）0015434

开　　本　720mm×980mm　1/32
印　　张　3.75
字　　数　100千字
版　　次　2019年12月第1版
印　　次　2019年12月第1次印刷
书　　号　ISBN 978-7-5525-5081-8
定　　价　49.00元

宁夏水文地质环境地质勘察创新团队简介

"宁夏水文地质环境地质勘察创新团队"（以下简称"团队"），是由宁夏回族自治区人民政府于 2014 年 8 月 2 日批准成立。专业从事水文地质调查、供水勘察示范、环境地质调查、地质灾害调查、地热资源勘查、矿山环境治理等领域研究，通过不断加强科技创新能力建设，广泛开展政产学研用结合，攻坚克难，在勘查找水、水资源评价、生态环境调查评价与环境评估治理等方面取得了一系列重大成果。团队集中了宁夏地质局系统 60 余位水工环领域科技骨干，依托地质局院士工作站、博士后科研工作站、中国地质大学（北京、武汉）产学研基地以及"五大业务中心"等科研平台，结合物化探、实验检测、高分遥感测绘等新技术新方法，较系统地开展了区内外水文地质环境地质勘察领域科技攻关，累计承担国家和宁夏回族自治区各类科技攻关项目 30 项，获得国家和宁夏回族自治区各类奖励 8 项，发表科技论文 126 篇，出版专著 8 部。经过几年来的努力发展，团队建设日益完善，已形成以团队带头人为核心，以专家为指导，以水工环地质领军人才为主体的综合优秀团队，引领宁夏回族自治区水文地质环境地质工作健康蓬勃发展，持续为宁夏回族自治区民生建设、生态环境建设、城市及重大工程建设、防灾减灾，环境治理与保护提供着有力的科技支撑与资源保障。

前　言

　　城市供水安全对社会公共安全具有至关重要的意义，关系到人民群众的身体健康和经济社会可持续发展，政府各部门对城市供水安全工作向来十分重视。早在 2015 年中共宁夏回族自治区委员会对供水水源地保护就高度关注，多次组织相关单位进行研讨及野外实地调研。2016 年 9 月 26 日，宁夏回族自治区人民政府下发了《自治区人民政府关于印发〈宁夏生态保护与建设"十三五"规划〉的通知》（宁政发［2016］77 号）。其中"生态保护与建设主要任务"中第三条明确要求：划定并严守森林、湿地、草原、基本农田、饮用水源地五条生态保护红线，从空间上明确保护区域和范围，确保面积不减少、性质不改变、功能不降低。生态红线的划定以能够落界的指标为主，既保护好自然生态资源，也考虑到自治区今后经济社会的长远发展需要；第十三条，保护水源地安全，加强城镇集中式饮用水水源地保护，合理划定水源地保护区，建立风险防范机制，加强地下水涵养保护，积极推进水源地保护立法工作，为地下水资源保护提供制度保障。

　　"十三五"期间，是全区加快推进生态文明建设的关键时期，是全面建成小康社会的决胜阶段，也是优化结构、转型升级、加快经济社会发展的关键时期。在这个关键时期，改善我区水资源短缺、资源承载能力低、生态环境脆弱的现实问题，缓解经济建设与生态保护之间的矛盾，保障城市供水水源地安全是一项前瞻性和战略性的工作。笔者在收集整理国内外相关研究的基础上，结合 2017 年西部大开发重点项目前期工作专项补助资金项目《银川平原城市供水水源地安全保护工程前期研究》取得的研究成果，编撰成《银川平原城市供水水源地安全与保护》。

全书共五章，第一章论述了银川平原城市供水安全与保护工作的重要意义，以及在支持社会经济发展和维护生态环境平衡方面的效益；第二章分析了银川平原城市供水水源地安全与保护现状和存在的问题；第三章讨论了银川平原城市供水水源地保护的原则和基本保护措施；第四章以东郊水源地为例，就农业面源污染，道路、排水沟穿越等问题，对水源地安全保护工作做了示范部署；第五章论述了水源地安全与保护的保障措施并给出对策及建议。

本书在撰写过程中受到了"长安大学旱区地下水文与生态效应创新团队"和"宁夏水文地质环境地质勘察创新团队"的共同指导。

本书由宁夏高层次科技创新领军人才项目（KJT2018002）、宁夏回族自治区财政厅项目"沿黄生态经济带地下水资源开发利用与生态环境保护效应调查评价（6400201901273)"，宁夏自然科学基金（2018AAC03205）、（2019AAC03312）资助完成。

由于研究周期短，作者水平有限，书中难免存在不妥之处，敬请广大读者批评指正。

编　者
2019 年 3 月

目　录

第 1 章　绪　论

1.1 · 研究意义

　　中国部分城市饮用水存在供水紧缺和污染等主要问题，而农村的部分饮用水存在苦咸水、高氟、高砷等劣质水，严重威胁广大人民群众的健康和生命安全。近年来，水污染事件也时有发生，对人们的生活和社会生产都形成了较大的负面影响。解决饮用水安全问题，直接关系到人民群众的幸福生活和社会稳定，既是中国经济社会可持续发展和生态文明建设的一项紧迫任务，也是关系到中华民族长远发展的重大问题。

　　银川平原位于宁夏回族自治区北部，行政区划包括银川市、石嘴山市和吴忠市。优越的自然地理条件和人文历史背景，使得这里成为了宁夏物质条件最丰厚、生产力水平和社会经济最发达的区域，也是银川都市圈发展的核心载体。2017 年 12 月 22 日，《银川都市圈建设实施方案》正式发布，其中指出：到 2022 年，银川都市圈将集聚全区 80% 以上的地区生产总值和 58% 以上的人口，人均 GDP 水平高于全国平均水平，常住人口城镇化率达到 77% 以上。这一具体目标，对银川平原各城市供水保障能力和供水安全提出了极高的要求。开展水源地安全与保护研究，对于筑牢银川都市圈绿色生态屏障，支撑宁夏回族自治区生态文明建设，促进人与生态和谐发展具有重要意义。

（1）开展水源地安全与保护研究，是打好水源地保护攻坚战的基础。

2018年6月6日，《中共中央国务院关于全面加强生态环境保护坚决打好污染防治攻坚战的意见》中明确指出要"着力打好碧水保卫战"，其中，"打好水源地保护攻坚战"被列在第一项。开展水源地安全与保护研究，理清水源地保护区环境现状，建设水源地保护区基础设施，清除水源地保护区范围内存在的各类风险源，开展水源地内生态治理工程等，是打好水源地攻坚战的基础。

（2）开展水源地安全与保护研究，是推进水源地规范化建设的重要举措。

2018年6月6日，《中共中央国务院关于全面加强生态环境保护坚决打好污染防治攻坚战的意见》中要求"划定集中式饮用水水源保护区，推进规范化建设"，"全面排查和整治县级及以上城市水源保护区内的违法违规问题，长江经济带于2018年年底前、其他地区于2019年年底前完成。"宁夏回族自治区人民政府关于印发《宁夏生态保护与建设"十三五"规划》的通知（宁政发〔2016〕77号）第十三条也明确要求，要"保护水源地安全：加强重要水源涵养地、城镇集中式饮用水水源地保护。保护水源涵养林，禁止毁林开荒。合理划定水源地保护区，建立水源风险防范机制……严格地下水资源管理，加强地下水涵养保护……积极推进水源地保护立法工作"。开展水源地安全与保护研究，科学规范划分水源地保护区，严格按照有关技术规范设置水源地保护区标识，整治水源地保护区内环境问题，是推进水源地规范化建设的重要举措。

（3）开展水源地安全与保护研究，是建设美丽新宁夏，共圆伟大中国梦的重要支撑。

城市供水安全，事关宁夏小康社会建设。实施水源地安全保护工程，是"建设美丽新宁夏，共圆伟大中国梦"奋斗目标的基础性工程、关键性工程，也是保障人民生命安全的民生工程、德政工程。宁夏回族自治区人民政府关于印发《宁夏生态保护与建设"十三五"规划》的通知（宁政发［2016］77 号）中明确提出要"全面保护和改善城镇水源地环境质量，保障好饮用水源地。"开展水源地安全与保护研究，确保城镇供水安全，对于保障人民群众健康、维护社会稳定、促进人与生态和谐发展等方面，都具有重要的意义。

（4）开展水源地安全与保护研究，是促进水源地科学化管理的助力。

目前，宁夏回族自治区的水源地保护工作，存在保护技术依据、标准不统一，管理体系、管理制度、管理措施薄弱，水源地监管风险较大等短板。开展水源地安全与保护研究，建立健全水源地管理体系，推动水源地保护立法，完善水源地应急、后备机制，定期监（检）测、评估水源地现状，建设水源地信息化管理平台，全面提高水源地各类信息采集、传输、存储、分析和应用的能力，能为水源地统一化管理提供支撑，是实现水源地技术标准化、信息网络化、管理集成化的有效助力。

1.2　效益分析

银川平原位于黄土高原、蒙古高原和青藏高原交汇地带，地处西北内陆、黄河中上游地区，属干旱半干旱地带，生态环境敏感复杂，水资源短缺。同时，银川平原也是宁夏回族自治区各种生产要素最为集中、城镇最密集且呈现群体发展态势的地区，社会经济发展对水资源的需求与日俱增。银川平原城镇主要供水水源约有 95% 以上采用地下水。开展城市供水水源地安全与保护研究，有助于发挥地下水在保证城乡居民生活用水、支持社会经济发展和维护生态平衡等方面的显著作用。

1.2.1 社会效益

银川平原是宁夏回族自治区人口密度最大的区域，也是宁夏回族自治区重要的政治和经济文化中心，而水，是生命之源，供水安全是群众最为关心的问题。开展城市供水水源地保护工程，建立后备水源地与应急水源地保障机制，满足民生和经济发展用水需要，保障群众生活、生产用水安全，对于提高群众生活水平，维护社会和谐稳定发展等方面，具有重大的意义。

银川平原现有的地下水集中供水水源地，在统一的科学管理与优化配置方面均有所欠缺，水源地内的环境问题也有不同程度的存在。实施城市供水水源地保护工程，对政府部门合理划定地下水集中供水水源地生态保护红线，整治水源地保护区内突出问题等方面，都能发挥指导作用；同时，也有利于调整水资源开发利用结构，优化配置水资源，提高水资源利用效率，可以为科学管理地下水资源，合理规划城市发展与建设奠定基础。

1.2.2 环境效益

现阶段银川平原的地下水集中供水水源地在勘探、开发利用、管理、监督等部门没有统一的设置。水资源开发程度不同，水源地运行年限也各有长短，水源地联合管理与监督机制不足，不利于地下水资源的可持续利用。实施城市供水水源地保护工程，着力开展水源地环境问题集中整治，建设水源地监测网及信息管理平台，可以使地下水资源得到有效保护，免受人为破坏，自我修复功能和水源涵养功能大大提高，增强饮用水的安全性，进而实现地下水资源的可持续开发与利用。

银川平原绿洲生态系统与地下水密切相关，城市供水水源地是地下水开采最为集中的区域，实施城市供水水源地保护工程，推进城市供水水源地监测预警工程建设，对合理开发利用地下水资源，科学调控地下水水位，促进地下水与生态系统良性循环，均具有重要的作用。

城市供水水源地是地下水开采最为集中的区域，不达标的钻探工艺、无序开采或过度开采，可能会带来地下水污染、地面沉降、土地沙化等环境地质问题。实施城市供水水源地安全保护工程，减少地面以上环境因素对地下水的影响，杜绝地面以下地下水开采与利用过程中可能引发的问题，是防治水源地保护区内出现环境地质问题的有效途径。

1.3　主要研究成果

1.3.1　核实了水源地运行现状

银川平原现有 39 个水源地的基本运行现状：现用水源地 24 个；备用水源地 13 个，分别为石嘴山市惠农区燕子墩水源地、惠农区罗家园子水源地、平罗县镇朔水源地、平罗县头闸水源地、平罗县小教场水源地、平罗县六中水源地、平罗县通伏水源地、贺兰县立岗水源地、银川市征沙水源地、兴庆区月牙湖水源地、兴庆区掌政水源地、西夏区镇北堡镇水源地、永宁县闽宁镇水源地；已关停的水源地 2 个，分别为平罗县城水源地和平罗县城西区水源地。

1.3.2　查清了水源地及保护区范围内的基础环境现状

一是城乡居民生活、城镇建设对水源地压力日增。银川平原现有的 39 个地下水集中供水水源地中有 30 个水源地保护区范围内分布有行政村、社区共计 121 个，常住居民 300864 人。部分村庄无排水设施或垃圾箱，生活污水随意泼洒或直接排入沟渠，村内垃圾池无防渗处理。同时，还有一些村庄普遍存在散养牛、羊、猪、鸡鸭等家禽家畜。居民生活与畜禽养殖产生的垃圾和废污水经雨水冲刷、下渗、径流等形式进入地表、地下水体中，对水源地环境和水源地水质造成了负面影响。二是农业面源污染和散井开采普遍存在。银川平原现有的承压水型水源地一级保护区以及潜水型水源地二级保护区内，耕地面积约占水源地保护区总面积的49%。农业生产施用的氮肥、磷肥、钾肥、复合肥以及除草剂、杀虫剂等，均可能会对地下水产生影响。另外，据不完全统计，水源地保护区内有散井130眼，用于农业灌溉、人畜饮用等。三是畜禽渔业集中养殖造成环境污染隐患。银川平原地下水集中供水水源地保护区内共有畜禽、水产养殖企业70家。四是保护区内道路、排水沟穿越情况较为严重。银川平原各水源地保护区范围内，均有道路穿过，部分道路甚至为主要交通干道，如109国道、绕城高速、太中银铁路、京藏高速等。交通运输过程中，需要重点防范运输事故造成危化品泄露，对水源地造成污染。此外，各水源地保护区内还分布有不同用途的排水沟渠。包括农业灌溉、退水沟渠、泄洪沟以及排污沟。五是其他企业等风险源不同程度威胁水源地安全。部分城市供水水源地保护区内，存在以新材料生产、石料厂、新能源、食品加工、蔬菜集装转运等为主要经营项目的企业共计53家，加油站、公墓等其他建设项目49个。

1.3.3 评价了水源地安全性

银川平原24个现用水源地的实际开采量均小于允许开采量，地下水水位下降均低于允许降深，水量有保障；水质方面，个别城市供水水源地地下水存在菌落总数、锰、硝酸盐、总硬度等超标的现象，超标原因主要为原生地质环境影响，通过供水过程中各类工艺处理，出厂水质量满足生活饮用水标准。

1.3.4 部署了水源地安全保护示范工程

以保障城市供水安全为宗旨，根据水源地保护相关技术规范，结合银川平原实际情况，针对水源保护区建设不达标、保护区环境整治不彻底、水源监控预警能力不足、风险防控和应急能力建设不到位、管理机制不协调等问题，从基础设施建设、保护区环境整治和水源地监督管理三个层面，部署了水源地安全保护工程，并以银川市东郊水源地为例，对水源地安全保护工程做了较为详细的剖析。

第2章 水源地保护现状及存在的主要问题

2.1 水源地分布与运行现状

    银川平原地下水集中供水水源地共计 39 个,评价地下水 B 级允许可开采资源量 167.279 万 m³/d。按照行政区划:银川市现有地下水集中供水水源地 17 处,评价地下水 B 级允许可开采资源量 92.6 万 m³/d;石嘴山市现有地下水集中供水水源地 17 处,评价地下水 B 级允许可开采资源量 62.099 万 m³/d;吴忠市现有地下水集中供水水源地 5 处,评价地下水 B 级允许可开采资源量 12.58 万 m³/d。水源地分布情况及基本信息见表 2–1、图 2–1。

表 2–1　银川平原水源地基本情况统计表

序号	行政区划	水源地名称	布井区面积/km²	开采目的层	可开采量/(10⁴m³·d⁻¹)	使用状态
1		石嘴山联合钢铁厂新水源地	3.42	第Ⅰ含水岩组层	3.2	现用
2		石嘴山市红果子水源地(第四水源地)	2.76	第Ⅰ含水岩组层	1	现用
3	惠农区	石嘴山市柳条沟水源地(第五水源地)	8.92	第Ⅰ含水岩组	4.679	现用
4		石嘴山市惠农区燕子墩水源地	2.17	第Ⅱ、Ⅲ含水岩组	2	备用

续表

序号	行政区划	水源地名称	布井区面积/km²	开采目的层	可开采量/(10⁴m³·d⁻¹)	使用状态
5		石嘴山市惠农区罗家园子水源地	7.59	第 I 含水岩组层	4	备用
6	大武口区	大武口区第一水源地（北武当沟水源地）			4.75	现用
7		石嘴山市大武口区二水源地	3.43	第 III、IV 含水岩组	7.2	现用
8	石嘴山市	石嘴山市工业园区水源地（第三水源地）	26.01	第 II、III 含水岩组	8	现用
9		平罗县城水源地	2.76	第 II 含水岩组	2	关停
10		平罗县城西区水源地	0.21	第 II 含水岩组	2	关停
11		平罗县大水沟水源地	8.78	第 I、II 含水岩组	2	现用
12	平罗县	石嘴山市平罗县镇朔水源地	14.18	第 II、III 含水岩组	5	备用
13		石嘴山市平罗县头闸水源地	17.2	第 II、III 含水岩组	6	备用
14		石嘴山市平罗县小教场水源地	11.24	第 II、III 含水岩组	4	备用
15		石嘴山市平罗县六中水源地	27.29	第 I 含水岩组	5	备用
16		平罗县通伏水源地	1.56	第 II 含水岩组	0.75	备用
17		陶乐高仁镇水源地	1.23	第 II、III 含水岩组	0.52	现用
18	贺兰县	贺兰县水源地	5.81	第 II 含水岩组	3	现用
19		银川市贺兰县立岗水源地	10.71	第 II 含水岩组	3	备用
20		银川市南梁水源地	25.65	第 II、III 含水岩组	13	现用

续表

序号	行政区划	水源地名称	布井区面积/km²	开采目的层	可开采量/（10⁴m³·d⁻¹）	使用状态
21		银川市新市区北郊水源地(六水厂)	26.34	第Ⅱ、Ⅲ含水岩组	13	现用
22		银川市东郊水源地(三水厂)	15.67	第Ⅱ含水岩组	10	现用
23		银川市南郊水源地（二、五水厂）	26.07	第Ⅱ、Ⅲ含水岩组	15	现用
24	银川市	银川市征沙水源地	13.56	第Ⅱ、Ⅲ含水岩组	6	备用
25		银川市新市区南部水源地	13.39	第Ⅱ、Ⅲ含水岩组	6	现用
26	银川市	宁夏化工厂Ⅰ水源地	3.72	第Ⅱ、Ⅲ含水岩组	4.3	现用
27		宁夏化工厂Ⅱ水源地	15.68	第Ⅱ、Ⅲ含水岩组	3	现用
28		银川市兴庆区月牙湖水源地	33.33	第Ⅱ含水岩组	1	备用
29		银川市兴庆区掌政水源地	10.31	第Ⅱ含水岩组	5	备用
30		银川市西夏区镇北堡镇水源地	7.67	第Ⅰ含水岩组层	0.8	备用
31	永宁县	永宁县水源地(第二水源地)	0.64	第Ⅱ含水岩组	1.5	现用
32		永宁县闽宁镇水源地	5.56	第Ⅰ含水岩组	1.5	备用
33	灵武市	灵武市水源地	3.18	第Ⅱ含水岩组	2	现用
34		灵武大泉水源地(灵武煤田磁窑堡碎石井矿区水源地)	17.31	第四系第Ⅱ含水岩组、第三系含水岩组	4.5	现用
35		青铜峡市小坝水源地(含小坝东区水源地)	14.09	第Ⅰ含水岩组	5	现用

续表

序号	行政区划	水源地名称	布井区面积/km²	开采目的层	可开采量/(10⁴m³·d⁻¹)	使用状态
36	青铜峡市	青铜峡市青铜峡镇水源地	1.48	第Ⅰ含水岩组层	1.2	现用
37		青铜峡市大坝水源地		第Ⅰ含水岩组	1.5	现用
38		宁夏青铜峡立新(青铜峡铝业自备电厂备用)水源地	5.06	第Ⅰ含水岩组	0.88	现用
39	利通区	吴忠市金积水源地	2.26	第Ⅰ含水岩组	4	现用
		合计	396.24		169.279	

银川平原的39个地下水集中供水水源地包括：大型水源地（5~10万 m³/d）13个，银川市7个（分别为南郊水源地、北郊水源地、东郊水源地、南部水源地、征沙水源地、南梁水源地、掌政水源地），石嘴山市5个（大武口区二水源地、大武口区工业园区水源地、平罗县头闸水源地、平罗县镇朔水源地、平罗县六中水源地），吴忠市1个（青铜峡市小坝水源地及小坝东区水源地合并评价）；中型水源地（1~5万 m³/d）22个，银川市9个，石嘴山市10个，吴忠市3个；小型水源地（小于1万 m³/d）4个，其中银川市2个（新市区南部水源地、西夏区镇北堡镇水源地），石嘴山市2个（平罗县通伏水源地、陶乐高仁镇水源地）。

从地下水资源类型看，银川平原39个地下水集中供水水源地均开采第四系松散岩类孔隙水。其中，石嘴山市红果子水源地、罗家园子水源地、西夏区镇北堡镇水源地、青铜峡市小坝水源地（含小坝东区水源地）、青铜峡镇水源地、大坝水源地等开采目的层均为单一潜水。

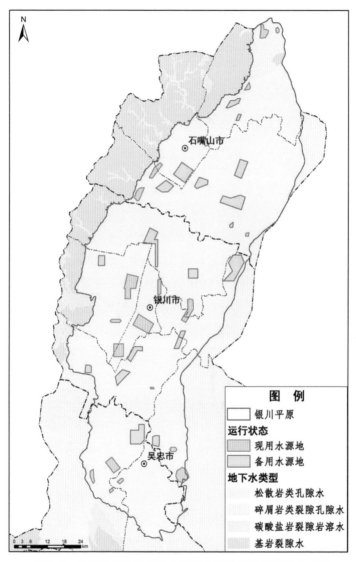

图 2-1 银川平原地下水集中供水水源地及运行现状分布图

从使用情况看，银川平原现有 39 个地下水集中供水水源地中，现用水源地 24 个，备用水源地 13 个，另有平罗县城水源地和平罗县城西区水源地，因已进入城市建成区，目前已停用。

2.2　水源地安全保护现状及安全性评价

2.2.1　水源地保护工作现状

近年来，宁夏回族自治区人民政府、环保水利等有关部门为饮用水安全做了大量工作，取得积极进展（见表 2-2）。但同时，水源地保护工作是一项复杂而系统的工程，需要逐步深化实施。自 2008 年以来，宁夏回族自治区人民政府对银川平原 16 个地下水集中供水水源地正式划定了保护区范围，并进行工程保护。水源地保护采取的主要措施有：各类保护区边界确定，设置保护碑、警示牌；部分水源地一级保护区关键部位围网，二级保护区边界栽界桩。

水源地保护的首要工作，即明确划定保护区范围。根据本次调查结果：在银川平原 39 个地下水集中供水水源地中有 16 个已完成保护区划定工作；青铜峡市小坝水源地保护区划定工作正在报批复；其他尚有 22 个水源地未实施完成水源地保护区划分与批复工作。

水源地保护工程方面，水源地一级保护区隔离仅有石嘴山市红果子水源地（第四水源地）、石嘴山市柳条沟水源地（第五水源地）、石嘴山市惠农区罗家园子水源地、石嘴山市工业园区水源地（第三水源地）、石嘴山市大武口区二水源地、大武口区第一水源地（北武当沟水源地）实施了防护措施，其他均未建成隔离防护设施；水源地保护区整治工作多因居民和建设项目在前，保护区划定在后，整治资金不足等原因，整治难度较大。目前一级保护区内影响较大的排污企业、排污口等污染源整治收效显著，但村镇、社区、学校、加油站、养殖

表 2-2　银川平原城市供水水源地保护区划分情况一览表

| 行政区划 | 水源地名称 | 生态保护红线划定情况 | | 是否列入水源地名录 | 保护标志设置情况 | 一级保护区隔离防护情况 |
		生态保护红线面积/km²	环境功能区面积/km²			
石嘴山市 惠农区	石嘴山联合钢铁厂新水源地	2.74	14.34		有	有
	石嘴山市红果子水源地（第四水源地）	17.05	26.52	是	有	有
	石嘴山市柳条沟水源地（第五水源地）	2.45	9.32	是		有
	石嘴山市惠农区燕子墩水源地	11	17.83			有
	石嘴山市惠农区罗家园子水源地	20.07	48.65	是		有
	石嘴山市工业园区水源地（第三水源地）	12.27	18.8	是	有	有
大武口区	石嘴山市大武口区二水源地	3.6		是		有
	大武口区第一水源地(北武当沟水源地)					
	平罗县城关水源地					
	平罗县城西区水源地				有	
	平罗县大水沟水源地	11.29	25.34	是		
平罗县	石嘴山市平罗县镇朔水源地	15.97	49.96		有	
	石嘴山市平罗县头闸水源地	16.53	55.82			
	石嘴山市平罗县小教场水源地					
	石嘴山市平罗县六中水源地					
	平罗县通伏水源地	1.91	5.02		有	
	陶乐高仁镇水源地	1.06	6.81		有	
贺兰县	贺兰县水源地			是		
	银川市贺兰县立岗水源地	8.12	26.04			

续表

行政区划	水源地名称	生态保护红线划定情况		是否列入水源地名录	保护标志设置情况	一级保护区隔离防护情况
		生态保护红线面积/km²	环境功能区面积/km²			
银川市	银川市南梁水源地	23.87	101.16	是	有	
	银川市新市区北郊水源地（六水厂）	18.58	51.28	是	有	
	银川市东郊水源地（三水厂）	15.64	32.36	是	有	
	银川市南郊水源地（二、五水厂）	7.72	78.3	是	有	
	银川市征沙水源地	13.86	46.35	是	有	
	银川市新市区南部水源地	10.75	40.16	是		
	宁夏化工厂Ⅰ水源地				有	
	宁夏化工厂Ⅱ水源地					
	银川市兴庆区月牙湖水源地	20.82	72.84		有	
	银川市兴庆区掌政水源地					
	银川市西夏区镇北堡镇水源地	6.25	19.77		有	
永宁县	永宁县水源地（第二水源地）	1.94	5.09	是	有	
	永宁县闽宁镇水源地					
灵武市	灵武市水源地	5.03	16.25	是	有	
	灵武大泉水源地（灵武煤田磁窑堡碎石井矿区水源地）	21.63	35.88	是	有	
青铜峡市	青铜峡市小坝水源地（含小坝东区水源地）	6.84	21.16	是	有	
	青铜峡市青铜峡镇大坝水源地	2.64	9.08	是		
	青铜峡市青铜峡镇青铜峡镇水源地	1.42	5.24	是		
	宁夏青铜铝业自备电厂（备用）水源地			是	有	
利通区	吴忠市金积水源地	4.53	6.63	是	有	

企业、农村生活污水散排等情况普遍存在，个别水源地还存在煤场、采坑，如红果子水源地中宁夏鹏盛化工有限公司西侧贺兰山山脚矿区开采形成台阶式采场，贺兰县立岗水源地空心砖厂开采制砖原料形成采坑等严重影响水源地环境的建设项目；此外，所有水源地一级保护区内都存在道路穿越问题；部分水源地，如惠农区燕子墩水源地、平罗县大水沟水源地、银川市东郊水源地等，还存在排水沟穿越水源地保护区的问题。保护区环境整治工作任重道远。

2016年7月，宁夏回族自治区人民政府关于印发《宁夏生态保护与建设"十三五"规划的通知》（宁政发〔2016〕77号）中银川平原共有21个地下水集中供水水源地被列入水源地保护重点工程中的水源地名录内。

2017年3月起，为保证饮用水安全，支撑宁夏回族自治区生态文明建设，宁夏回族自治区环境保护厅组织相关部门开展宁夏回族自治区地下水集中供水水源地生态保护红线划定工作。最终对全区36处县级以上现用及备用地下水集中供水水源地划定了生态保护红线和环境功能保护区。目前该项工作正处于水源地生态保护红线实地勘界与验证阶段。此次划分的水源地生态保护红线中银川平原共划定水源地生态保护红线29个，划定生态保护红线面积285.58 km²，环境功能保护区面积846 km²。

水源地监管方面，目前银川平原地下水集中供水水源地，以水务部门统一行政管理，环保部门定期水质监测，企业日常管理与运营，卫生部门疾病预防监督等各部门分工协作为主要监管模式。现有的水源地中，以企业为主要管理与运营单位的监管单位主要涉及星瀚集团、宁夏惠安市政产业有限公司、宁夏德渊市政产业投资建设（集团）有限公司、中铁水务集团有限公司、青铜峡市城市公用事业服务(中心）有限公司、吴忠市自来水公司等六家单位。石嘴山市工业园区水源地（第三水源地）、平罗县城水源地、银川市新市区南部水源地等 7 个水源地，除企业管理外，另有大武口区、平罗县、永宁县水务部门参与日常监管。陶乐高仁镇水源地则完全由平罗县水务局监管。石嘴山联合钢铁厂新水源地、宁夏化工厂Ⅰ水源地、宁夏化工厂Ⅱ水源地、宁夏青铜峡立新（青铜峡铝业自备电厂备用）水源地等 4 个水源地为企业自备水源地，由各单位自行管理与运行（见表 2-3）。

表 2-3　银川平原城市供水水源地监管单位统计表

序号	行政区划	水源地名称	监管单位
1	惠农区	石嘴山联合钢铁厂新水源地	惠农区酒钢集团
2		石嘴山市红果子水源地（第四水源地）	宁夏惠安市政产业有限公司
3		石嘴山市柳条沟水源地（第五水源地）	星瀚集团
4		石嘴山市惠农区燕子墩水源地	
5		石嘴山市惠农区罗家园子水源地	
6	大武口区	石嘴山市工业园区水源地（第三水源地）	大武口区水务局、星瀚集团
7		石嘴山市大武口区二水源地	
8		大武口第一水源地（北武当沟水源地）	
9	平罗县	平罗县城水源地	平罗县水务局、宁夏德渊市政产业投资建设(集团)有限公司
10		平罗县城西区水源地	
11		平罗县大水沟水源地	
12		石嘴山市平罗县镇朔水源地	
13		石嘴山市平罗县头闸水源地	
14		石嘴山市平罗县小教场水源地	
15		石嘴山市平罗县六中水源地	
16		平罗县通伏水源地	
17		陶乐高仁镇水源地	平罗县水务局
18	贺兰县	贺兰县水源地	中铁水务集团有限公司
19		银川市贺兰县立岗水源地	

（表中"石嘴山市"为序号 1~17 的行政区划归属）

续表

序号	行政区划	水源地名称	监管单位
20	银川市	银川市南梁水源地	中铁水务集团有限公司
21		银川市新市区北郊水源地(六水厂)	
22		银川市东郊水源地(三水厂)	
23		银川市南郊水源地(二、五水厂)	
24		银川市征沙水源地	
25		银川市新市区南部水源地	中铁水务集团有限公司、永宁县水务局
26		宁夏化工厂Ⅰ水源地	
27		宁夏化工厂Ⅱ水源地	
28		银川市兴庆区月牙湖水源地	
29		银川市兴庆区掌政水源地	
30		银川市西夏区镇北堡镇水源地	
31	永宁县	永宁县水源地(第二水源地)	中铁水务集团有限公司
32		永宁县闽宁镇水源地	
33	灵武市	灵武市水源地	中铁水务集团有限公司
34		灵武大泉水源地(灵武煤田磁窑堡碎石井矿区水源地)	宁东
35	青铜峡市	青铜峡市小坝水源地(含小坝东区水源地)	青铜峡市城市公用事业服务(中心)有限公司
36		青铜峡市大坝水源地	
37		青铜峡市青铜峡镇水源地	
38		宁夏青铜峡立新(青铜峡铝业自备电厂备用)水源地	青铜峡铝业自备电厂
39	利通区	吴忠市金积水源地	吴忠市自来水公司

2007 年以来，根据全国重要饮用水水源地达标建设提出的"水量保证、水质合格、监控完备、制度健全"的总体目标，宁夏回族自治区相关部门在水源地保护方面相继投入了大量资金，主要对水

源地的监测和监控系统、地下水源地一级保护区范围内的主要污染企业、排污口，水库周边的水土保持等进行了大力整治，使各水源地保护工作落到了实处。

一是强化管理、加大监督检查力度。除企业自备水源地，由各企业自行管理负责以外，其余城市供水水源地多由市县水务部门、环保部门等联合监督，由中铁水务集团有限公司、星瀚集团等企业负责管理。各市均对水源地保护工作重视程度较高，成立专门机构、完善相应机制。如成立水源地环境专项整治领导小组、饮用水源地突发环境事件应急领导小组、应急专家组等完善工作机制；加大检查巡查力度，不定期对水源地实施巡查，防止人为破坏、污染等事件发生；完善预案，提高应急能力和突发水污染事件处置能力。

二是多方联动、划定保护区范围。水务、环保、国土等多部门联合，对辖区内的饮用水源地保护区进行划分，并设置了保护区标识牌、警示牌、隔离网等，建立了饮用水源地环境管理档案。水源地开采井均建有砖瓦结构井房与围墙，并在外围墙之上设置防护网，对开采井进行保护。

三是重点防治、关闭部分污染源。由各市县环保、水务等部门对集中式饮用水水源地开展了环境联合执法检查，针对城市集中式饮用水源地发现存在污染点源和违法侵占水源等问题向政府汇报。对饮用水水源地保护区内及周边违法排污企业、畜禽养殖业、排污沟、排污口等进行了清查，对违法违规建筑进行拆除，并对部分企业、居民进行搬迁。以银川市为例，2017 年以来，全市在地下水集中供水水源地排查的基础上，关停了 9 个城镇水源地内的 16 家畜禽养殖场，共转场或外售 6649 头奶牛、3374 头猪、3 万羽蛋鸡、600 只北极狐等；拆除北郊水源地内的西园锅炉厂、晋宁锻压厂，东郊水源地内的金贵汉佐砖厂、汉佐预制板厂、汉佐炉渣砖厂、汉佐加油站，南郊水源地内的 63 家废品收购站等；转移、拆除水源地保护区内的养殖场（户）、农家乐、村庄等。

四是加强监测、建立水质信息台账。部分水源地内安装监控设施及报警系统，提高了风险预警能力；同时，定期对水源地地下水进行 pH、总硬度、硫酸盐、氯化物、铁、锰、铜、锌、挥发酚、阴离子洗涤剂、高锰酸盐指数、硝酸盐（以 N 计）、亚硝酸盐（以 N 计）、氨氮、氟化物、氰化物、汞、砷、硒、镉、铬（六价）、铅、总大肠菌群等 23 项常规指标的水质检测工作，并按时上报水质信息。以银川市为例，2017 年 11 月份以来，银川中铁水务集团在南郊、东郊和北郊水源地保护区内的 83 眼供水井周边安装了视频监控、入侵探测报警设施，并定期开展水源地 23 项常规指标和 39 项水质监测工作。多措并举确保饮用水环境安全。

2.2.2 水源地基础环境概况

银川平原自然地理条件决定了地下水集中供水水源地建设时大多处在农业用地范围内。同时，随着城市建设和扩张，部分水源地保护区甚至布井区已进入城市边缘或者建成区内。目前银川平原地下水集中供水水源地及保护区范围内大多分布有基本农田、村镇、社区和基础设施，所有水源地保护区内都存在道路、排水沟穿越，部分水源地保护区内存在与供水设施无关的建设项目或企业。总体上，银川平原水源地保护区环境状况主要受居民生活、农业生产、畜禽养殖、企业、道路排水沟穿越等因素影响。以下将分别从这几个方面梳理银川平原地下水集中供水水源地保护区环境状况。

1.城乡居民生活、城镇建设对水源地压力日增

银川平原地下水集中供水水源地保护区范围内，分布有行政村、

社区共计 121 个，常住居民 300864 人。除石嘴山市红果子水源地、石嘴山市柳条沟水源地、大武口区第一水源地、大武口区二水源地、平罗县城西区水源地、石嘴山市平罗县镇朔水源地、石嘴山市平罗县小教场水源地、宁夏化工厂Ⅰ水源地、银川市西夏区镇北堡镇水源地等 9 个水源地保护区内没有集中村落或社区分布，其余 30 个水源地保护区内不同程度分布有村镇社区（见表 2-4）。

　　水源地保护区的社区，以平罗县城水源地和银川市南郊水源地情况最为复杂。其中，平罗县城水源地因大部分已进入城建区，目前已处于关停状态。南郊水源地保护区目前约五分之三的面积位于城市建成区内。保护区内现有常住居民 36217 户，100561 人（见表 2-5）。除此之外，随着城市建设与发展，大量商铺、企事业单位、学校等落户于水源地保护区内，保护区内城市交通发达，车辆众多，加油站、垃圾中转站等分布于保护区内，水源地受城市建设与人口增加的影响越来越大（见图 2-2、图 2-3）。

图 2-2　宝湖锦园加油站（南郊　　　　图 2-3　银川市第六中学
　　　　水源地保护区内）　　　　　　　　（南郊水源地保护区内）

　　水源地保护区内大部分村庄住宅无统一规划，散乱分布于水源地保护区范围内。大部分自然村无排水设施，生活污水随意泼洒或直接排入沟渠；部分村庄无垃圾箱，集中于村内垃圾池中，堆放满后由行

表 2-4 银川平原城市供水水源地保护区内居民生活垃圾和污水处理情况统计表

序号	行政区划	水源地	行政村(社区)	人口数量/人	生活用水	大牲畜/头	小牲畜/只	鱼塘水产/亩	村庄垃圾处理情况	村庄污水排放情况	备注
1		石嘴山联合钢铁厂新水源地	北农场	260	井水	2000	2000	10	自行处理	无排污设施,散户排放	
2	惠农区	石嘴山市惠农区燕子墩水源地	西永固村、燕子墩村	750	自来水	75	1800		垃圾箱,定期清理	生活污水通过沟渠排泄	
3		石嘴山市惠农区罗家园子水源地	燕窝池、汪家庄	787	自来水	1260	4360		垃圾箱,定期清理	无排污设施,散户排放	
4		石嘴山市工业园区(第三水源地)	星海镇三合院村、富民村、祥河村	5811	自来水	55	890	1010	部分垃圾箱,定期清理,部分集中转运	无排污设施,散户排放	
5		平罗县城水源地	城关镇明珠社区、唐徕社区	27597	自来水				集中转运	市政管网	已关停
6	石嘴山市	平罗县大水沟水源地	崇岗乡常青村、暖泉村	1318	自来水	82	11200		集中转运	无排污设施,散户排放	
7		石嘴山市平罗县头闸水源地	头闸乡西永惠村、永惠村、东通平村渠口乡六羊村	4837	自来水	65	1195	310	部分集中转运,部分分散堆放或掩埋	生活污水通过沟渠排泄	

续表

序号	行政区划	水源地	行政村(社区)	人口数量/人	生活用水	大牲畜/头	小牲畜/只	鱼塘水产/亩	村庄垃圾处理情况	村庄污水排放情况	备注
8	平罗县	石嘴山市平罗县六中水源地	城关镇沿河村、渠口乡交济村、分水闸村、阮桥村、宏潮村、六中村、通伏乡五香村、罗家庄村、兴林村、新潮村、新丰村、姚伏镇大兴墩村、高路村	16035	自来水	2535	23920	430	垃圾箱,定期清理	无排污设施,散户排放	
9		平罗县通伏水源地	通伏村	500	自来水	50	200		垃圾箱,定期清理	生活污水通过沟渠排泄	
10		陶乐高仁镇水源地	高仁镇高仁村	750	自来水	160	200		垃圾箱,定期清理	生活污水通过沟渠排泄	
11	贺兰县	贺兰县水源地	丰登镇新联村、永丰村、习岗镇黎明村	650	自来水	880	240	56	垃圾中转站	生活污水通过沟渠排泄	新丰村、联丰村居民已搬迁
12		银川市贺兰县立岗水源地	习岗镇五星村、金贵镇红星村	2432	自来水	40	1400	40	垃圾箱,定期清理	无排污设施,散户排放	

续表

序号	行政区划	水源地	行政村（社区）	人口数量/人	生活用水	大牲畜/头	小牲畜/只	鱼塘水产/亩	村庄垃圾处理情况	村庄污水排放情况	备注
13		银川市南梁水源地	常信乡谭渠村、王田村、于祥村、洪广镇洪西村、南梁台子管委会铁西村、铁东村	7080	多数自来水，少部分为手压井	5430	640	880	集中转运	无排污设施，散户排放	
14		银川市新市区江北郊水源地（六水厂）	同庄村、芦花镇、军马场场部	2130	自来水	2200	100	70	集中转运	散排或通过沟渠排泄	
15		银川市东郊水源地（三水厂）	金贵镇汉佐村、保南村、联星村、银河村、掌政镇茂盛村、镇河村	11640	自来水	2146	2300	128	集中堆放，定期转运	无排污设施，散户排放	
16	银川市	银川市南郊水源地（二、五水厂）	望远镇新银社区、丰盈社区、良田乡植物园村、银川林场、长城街道高桥村、五里台新区社区、保伏桥社区、鲁银社区、宝湖社区、金字名庭社区等	97141	自来水		160		垃圾中转站转运	多并入市政管网，少部分通过沟渠排泄	

续表

序号	行政区划	水源地	行政村（社区）	人口数量/人	生活用水	大牲畜/头	小牲畜/只	鱼塘水产/亩	村庄垃圾处理情况	村庄污水排放情况	备注
17		银川市征沙水源地	良田镇和顺新村	3686	自来水，少部分手压井		1000	8	集中转运	管道排污，植物园污水处理	
18		银川市新市区南部水源地	胜利镇园林村，望洪镇精益村	2800	自来水	5000	2500		垃圾箱，定期清理	生活污水通过沟渠排泄	
19		宁夏化工厂Ⅱ水源地	兴泾镇兴盛村，良田镇兴源村，金星村，银川林场	21301	手压井，部分自来水	18550	23000		集中转运	部分通过西线排放，部分散排	
20		银川市兴庆区月牙湖水源地	月牙湖乡大塘北村，小塘村，滨河家园，海陶南村，海陶北村，塘南村，大塘南村，月牙湖村	18446	自来水，手压井	3120	6210		集中堆积，掩埋场掩埋	生活污水通过沟渠排泄	
21		银川市兴庆区掌政水源地	望远镇政权村，掌政村，政合台村，立强村	11640	自来水	500	1600		垃圾箱，定期清理；少部分掩埋	无排污设施，散户排放	

续表

序号	行政区划	水源地	行政村(社区)	人口数量/人	生活用水	大牲畜/头	小牲畜/只	鱼塘水产/亩	村庄垃圾处理情况	村庄污水排放情况	备注
22	永宁县	永宁县水源地(第二水源地)	望洪镇西河村,农声村,南场村	1010	自来水,少部分井水	260	440		垃圾箱,定期清理;少部分掩埋	无排污设施,散户排放	
23		永宁县闽宁镇水源地	闽宁镇原隆村	10772	自来水,井水	3000		7	垃圾箱,定期清理;少部分掩埋	无排污设施,散户排放	
24	灵武市	灵武市水源地	崇兴镇崇兴村,杜木桥村,中镇合子村,北村,榆木桥村	18075	自来水,少部分井水	1420	12350		集中转运	无排污设施,散户排放	
25		灵武大泉水源地(灵武煤田磁窑堡碎石井矿区水源地)	郝家桥镇大泉村,上滩村,灵武市林业局大泉林场	4468	自来水	300	1000	580	集中转运	无排污设施,散户排放	
26	青铜峡市	青铜峡市小坝水源地(含小坝东区水源地)	大坝镇利民村,蒋东村,镇陈俊村,小坝南庄新村,大坝镇中滩村	8283	自来水,部分井水	412	3700	85	垃圾箱,定期清理	生活污水通过沟渠排泄	

续表

序号	行政区划	水源地	行政村(社区)	人口数量/人	生活用水	大牲畜/头	小牲畜/只	鱼塘水产/亩	村庄垃圾处理情况	村庄污水排放情况	备注
27		青铜峡市青铜峡镇水源地	青铜峡镇郝渠村,沈闸村	5100	自来水	88	400	0	垃圾箱,定期清理	生活污水通过沟渠排泄	
28		青铜峡市大坝水源地	大坝镇上滩村,王老滩村	3280	井水、自来水	310	1800	200	垃圾箱,定期清理	生活污水通过沟渠排泄	
29		宁夏青铜峡铝业自(青电厂备用)水源地	小坝镇、新桥村,大坝镇立新村,韦桥村	6389	自来水	234	2150	0	集中堆积,保洁公司处理	无排污设施,散户排放	
30	利通区	吴忠市金积水源地	金积镇大庙村,丁湾村,秦坝村,塔湾村	5896	自来水,手压井	575	1500		垃圾箱,定期清理	生活污水通过沟渠排泄	
合计				300864		50747	108255	3814			

表 2-5　银川市南郊水源地保护区范围内村庄／社区调查统计表

序号	调查村庄/社区	分布	户数/户	人口数/人	生活用水	备注
1	银川市良田乡植物园村	4 个生产队	80	320	自打井	
2	银川市长城街道高桥村	金城蓝湾 400 户、中海城 400 户		3100	自来水	居民搬入安置区，土地征收
3	宁夏永宁县望远镇新银社区	多已搬入望远人家 C 区，保护区内人口均已搬迁				
4	宁夏永宁县望远镇丰盈社区					已搬迁至新银社区，村庄原址内无人，无耕地
5	银川市良田镇银川林场	金凤花园小区	835	1700	自来水	
6	五里台新区社区	五里台新村、五里湖畔		12000	自来水	
7	保伏桥社区	宝湖经典、宝湖福邸、保伏桥新区 ABC 区	4031	10621	自来水	在建：宝湖景都
8	鲁银社区	鲁银城市公元、湖映康城	6391	10521	自来水	
9	宝湖社区	宝湖湾、宝湖天下、宝湖庭苑、文苑小区、凤凰花园西区	4000	10100	自来水	在建：宝湖海阅
10	金宇名庭社区	金宇名庭南北区、花样年华南北区、宝湖景园、东方尚都、宝湖花园、紫檀水景、理想家园、华雁湖畔 AB 区、花样年华苑	3020	8400	自来水	
11	福通小区		2050	4950	自来水	
12	新琇苑小区		2585	5197	自来水	
13	湖畔嘉苑		2371	6138	自来水	
14	颐和城府		1454	4465	自来水	
15	工业集中区		4760	12087	自来水	

序号	调查村庄/社区	分布	户数/户	人口数/人	生活用水	备注
16	银川市良田村砖渠村		1317	4736	自来水	
17	银川市良田村魏家桥村		1868	2696	自来水	
18	银川市良田村盈南村		905	2050	自来水	
19	银川市良田镇双渠口村		550	1480	自来水	
	合计		36217	100561	自来水	

政村村委会组织清理。同时,农村地区普遍存在散养牛、羊、猪、鸡鸭等家禽家畜。以南梁水源地为例,位于包兰铁路两侧的南梁台子管委会管辖的铁东村、铁西村,常住居民均为 20 世纪 80 年代搬迁户,主要经济来源为肉牛养殖,居民家多饲养有肉牛或其他畜禽,各户均建有养殖舍棚,畜禽粪便还田利用。

居民生活与畜禽养殖产生的垃圾和废污水经雨水冲刷、下渗、径流等形式进入地表、地下水体中,对水源地环境和水源地水质造成了负面影响。

2. 农业面源污染和散井开采普遍存在

银川平原的自然地理条件决定了城市供水水源地大多建于农田中。根据本次调查,除柳条沟水源地、红果子水源地、北武当水源地、大水沟水源地、闽宁镇水源地和镇北堡水源地以外,其他水源地保护区范围内均有农田分布。据本次调查与初步估算,银川平原现有的承压水型水源地一级保护区以及潜水型水源地二级保护区内,耕地面积约占水源地保护区总面积的 49%。

银川平原农业生产条件优越,是宁夏回族自治区粮食主产区,也是重要的经济作物产区，化肥、农药在农田养分投入和农产品增产保丰收上发挥着至关重要的作用。银川平原农业生产施用化肥品种主要为氮肥、磷肥、钾肥、复合肥，2010年以前还包括尿素。

以贺兰县水源地为例：贺兰县水源地保护区内现有耕地8100亩（换算后5.4 km²），水源地一级保护区面积9.63 km²，耕地面积占水源地保护区总面积的56.07%（见表2-6），主要种植作物为玉米、水稻和部分苗木、果木。

表2-6　贺兰县水源地保护区内农田情况统计表

水源地名称	序号	调查村庄	耕地面积/亩	主要种植作物	灌溉方式	土地流转/亩
贺兰县水源地	1	丰登镇新联村	2000	玉米、桃树、松树	引黄灌溉	
	2	丰登镇新丰村	1100	玉米	引黄灌溉	1100
	3	丰登镇永丰村	2000	玉米、水稻、小麦、苗木	引黄灌溉	1800
	4	丰登镇联丰村	3000	玉米、水稻	引黄灌溉	1800
	合计		8100			4700

根据贺兰县近年来化肥使用统计数据，2006—2016年间化肥使用情况见表2-7、图2-4，由此可见各种化肥之中，氮肥施用量最大。氮肥施用量过大或偏施氮肥往往造成土壤板结，土壤肥力下降，土壤结构被破坏，氮磷肥效下降，又反过来促使农民增施氮磷肥，形成了不良循环。大量施用氮肥以及化肥利用效率低下等，使得大量的氮以硝态氮的形态流失，进入地下水体，造成地下水体中硝酸盐含量超标，影响地下水体质量安全。同样，农药使用过量导致土壤中残留的有害物质富集，在灌溉入渗和淋溶作用下进入地下水体，存在地下水水质安全隐患。此外，大量使用农膜、污水灌溉（石嘴山市工业园区水源地采用三二支沟废水灌溉，石嘴山市平罗县六中水源地采用第四排水沟废水灌溉）等亦是农业面源污染负荷的主要来源。

表 2-7　贺兰县化肥施用情况统计表（2006—2016 年）

单位:吨

年份	农用化肥施用量	氮肥	尿素	磷肥	钾肥	复合肥
2006	92180	38893	25260	14962	3363	9702
2007	64876	40503	23053	12328	1423	10622
2008	65731	43044	21024	11365	1543	9779
2009	69633	44781	24168	11639	1875	11338
2010	73700	49769	25808	9378	1941	12612
2011	73843	49720		9544	1961	12618
2012	73852	49133		9760	2255	12704
2013	73306	48935		9486	2267	12618
2014	61550	37487		14200	2214	7649
2015	60811	36514		14623	2189	7485
2016	59897	36359		14098	2106	7334

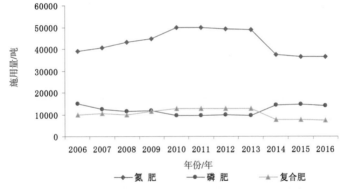

图 2-4　贺兰县 2006—2016 年氮、磷、复合肥施用情况曲线图

　　银川平原农业灌溉的主要方式仍然以引黄灌溉为主，受限于引水时间等因素的影响，部分日光温棚等开采浅层地下水灌溉；部分水源地保护区范围内有自备水井分散开采的现象，如石嘴山市工业园区水源地、平罗县大水沟水源地、银川市东郊水源地、南郊水源地、征沙水源地、宁夏化工厂Ⅱ水源地、灵武大泉水源地等，均有抽取地下水用于农田灌溉的现象。据不完全统计，本次调查的集中供水水源地保

护区内，共有机井 130 眼，主要用作企业供水、灌溉等用途；另外，部分村庄内留有机井共计 994 眼，民井 17076 眼，原用于生活用水，自来水入户后，多已废弃或作为家庭备用水源使用（见图 2-5、图 2-6）。

图 2-5　农田中的水源地开采井　　　图 2-6　农田中的水源地开采井
　　　　　（小坝水源地）　　　　　　　　　　（灵武市大泉水源地）

3. 畜禽渔业集中养殖造成环境污染隐患

截止 2017 年 12 月，银川平原地下水集中供水水源地保护区内，共有禽畜养殖企业 54 家，水产养殖 8 家，禽畜水产联合养殖场 3 家。且仅银川市东郊水源地内金贵镇银河村奶牛场、宁夏农垦贺兰山奶业有限公司、月牙湖水源地内养殖基地、爱飞翔兔业等 4 家具有或正在筹建污水处理设施，其余养殖场虽然采取了地面硬化、粪便集中清运处理等措施，但在养殖场所产生的废水废渣处理方面，无有效措施。

根据环保部门相关信息，2018 年上半年，由银川市环境保护局主持，对银川市全市集中式地下水饮用水水源地进行了排查（见图 2-7、图 2-8、图 2-9、图 2-10），并联合市农牧局、各县（市）区对水源地内的畜禽养殖场进行了整治，目前银川市水源地内的畜禽养殖场逐步实施搬迁关停。以银川市南梁水源地为例，该水源地保护区范围内有宁夏瑞丰福佳肉牛养殖专业合作社、金牧养殖有限公司、贺兰县元丰养殖场等养殖企业，共养殖肉牛、奶牛 1900 头左右，截止 2017 年底现场调查时，以上三家养殖企业已经在贺兰县人民政府督导下逐步关停，但肉牛和奶牛仍有部分存栏。

图 2-7　锦盛牧业（石嘴山市联合
　　　钢铁厂水源地保护区内）

图 2-8　金牧养殖有限公司
　　　（南梁水源地保护区内）

图 2-9　宁夏蓝湾南美白对虾养殖基
　　　地（银川市南梁水源地保护区内）

图 2-10　贺兰县永丰村个体户养殖场
　　　（贺兰县水源地保护区内）

4. 保护区内道路、排水沟穿越情况较为严重

银川平原是宁夏回族自治区经济与政治中心，交通发达，人口密集。根据本次调查，各水源地保护区范围内，均有道路穿过，部分道路甚至为主要交通干道，如 109 国道、绕城高速、太中银铁路、京藏高速公路等。

以永宁县水源地为例，109 国道呈南北向穿过水源地，太中银铁路则呈东西向与 109 国道交叉，横贯水源地保护区；南梁水源地被包兰铁路分为两部分，同时目前在建的包-银高速铁路也穿过水源地保护区；南郊水源地保护区内，南绕城高速呈东西向横穿水源地南部。

铁路方面，客运列车运输过程中，主要存在固体废弃物、粪便污染等，这种情况随着近年来车窗密封式列车的投入运营，已有较大改善；货运列车运输过程中，则主要防范运输事故造成危化品泄露对水源地造成污染。公路方面，在道路交通运输过程中，特别是危险化学品及危险废物运输车辆，一旦发生交通安全运输事故，就有可能对地下水源造成严重的污染。

银川平原水源地保护区内，还分布有不同用途的排水沟渠。一是农业灌溉退水沟渠，随当地农田分布、灌溉情况有不同程度的分布。二是泄洪沟，主要分布于大武口区第一水源地等贺兰山前水源地保护区内，枯水期水量较少，丰水期暴雨洪流则会对水源地地下水具有一定的补给作用。三是排污沟，主要为市政排污沟，如石嘴山市平罗六中水源地的第四排水沟等，以及生活污水排放为主的排污沟，如宁夏化工厂Ⅱ水源地、兴庆区月牙湖水源地内的排污沟等。

上述排水沟，尤其是生活污水排污沟，大部分未采取有效的污水处理以及防渗措施，未处理的生活污水下渗对水源地内地下水环境造成不同程度的影响，尤其是单一潜水型的水源地，风险性较大，对于以承压水为主的水源地，存在污染开采目的层地下水的风险（见图2-11、图2-12）。

图2-11　包兰铁路（南梁水源地保护区内）

图2-12　第四排水沟（石嘴山市平罗六中水源地保护区内）

5.其他企业等风险源不同程度威胁水源地安全

　　银川平原地下水集中供水水源地保护区内企业主要分布于石嘴山市、银川市西夏区以及永宁县（见图 2-13、图 2-14、图 2-15、图 2-16、图 2-17、图 2-18）。分布于石嘴山市城市供水水源地保护区内的企业，主要以新材料生产、石料厂等为主要经营项目；分布于西夏区与永宁县城市供水水源地保护区内的企业，则主要位于贺兰山前的工业企业集中区一带，以新材料、新能源、食品加工等为主要经营项目；分布于青铜峡市各水源地保护区内的主要为供港蔬菜基地集装、转运中心。另外，接近城市建成区的部分水源地内分布有混凝土搅拌站、砖厂等。

图 2-13　石嘴山市惠农区宏丰工贸有限公司（红果子水源地保护区内）

图 2-14　双晖集团（青铜峡市青铜峡镇水源地保护区内）

图 2-15　加油站（大武口区工业园区水源地保护区内）

图 2-16　星海湖景区（平罗县小校场水源地保护区内）

图 2-17　万福陵园（银川市
南郊水源地保护区内）

图 2-18　废品收购站（贺兰县
水源地保护区内）

以红果子水源地为例，水源地二级保护区内，水源地保护区西南分布有宁夏金海兴昇碳化硅有限公司、石嘴山市鹏盛化工有限公司、石嘴山市惠农区宏丰工贸有限公司、宁夏金旌新材料股份有限公司等企业。水源地保护区西侧为宁夏中利明晖新能源有限公司（惠农 30 MW 光伏电站）。

除此之外，银川平原城市供水水源地保护区内还分布有加油站、加气站、农家乐、休闲娱乐中心、湿地公园、墓地、废品收购站等。另外以南郊水源地为代表的城建区与保护区重叠的区域内，还分布有垃圾中转站、企事业单位、学校等。各类集中产业所产生的生活废水和生活垃圾，对地下水源存在污染的风险。而加油、加气站的地下油气储存设施，若发生油气泄漏事件，也可能会对水源地地下水产生影响。

据银川市环境保护局信息，2018 年第一季度，环保局组织协调有关单位与部门已经对银川市各水源地进行了集中整治。北郊水源地内的西园锅炉厂、晋宁锻压厂已拆除完毕，东郊水源地内的金贵汉佐砖厂、汉佐预制板厂、汉佐炉渣砖厂都已停产，生产设备已拆除。南郊水源地保护区内的 63 家废品收购站已实施拆除，累计清拆农家乐、村庄等 11 万 m²。

2.2.3 水源地安全性评价

1. 水量安全性评价

本书根据《集中式饮用水水源地规范化建设环境保护技术要求》（HJ773-2015）中关于"地下水饮用水水源年实际取水量不大于年设计取水量"的有关规定，结合水源地开发利用现状及水位长期监测数据变化情况，从水源地开采现状与水位下降情况等方面，评价各市县水源地水量安全性。

（1）银川市城市供水水源地水量安全性评价

银川市现有地下水集中供水水源地 17 处，评价地下水 B 级允许可开采资源量 94.6 万 m³/d。已开采水源地 11 处。现分述如下：

银川市南梁水源地评价于 2004 年，设计开采井 26 组，共 52 眼，水源地可开采量 13 万 m³/d，勘探期第 II、第 III 含水岩组水位分别为 3.62 m 和 3.71 m，允许降深 48 m。2017 年实际开采井 22 眼，开采量 3.4 万 m³/d，占允许开采量的 26.15 %。主要由第八水厂为银川市金凤区企事业单位和居民供水。根据南梁水源地内监测井 K004-III（统一编号 6401110031）地下水水位监测数据，2004 年水源地内水位标高为 1103.35 m，2017 年下降为 1099.32 m，水位下降 4.03 m，水位降深在允许降深范围以内（见图 2-19）。

银川市新市区北郊水源地于 2015 年重新评价，设计开采井 60 眼，水源地可开采量 13 万 m³/d，勘探期第 II、第 III 含水岩组水位分别为 1.30~7.54 m 和 4.43~8.91 m，允许降深 40 m。2017 年实际开采井 8 眼，实际开采量 1.62 万 m³/d，占允许开采量的 12.46%。根据北郊水源地内监测井 J30（统一编号 6401030010）地下水水位监测数据，1988 年水源地内水位标高为 1107.52 m，2017 年下降为 1102.29 m，水位下降 5.23 m，水位在 2010—2015 年间降幅较大，但总体水位降深在允许降深范围以内（见图 2-20）。

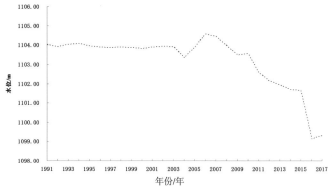

图 2-19　南梁水源地水位变化趋势图

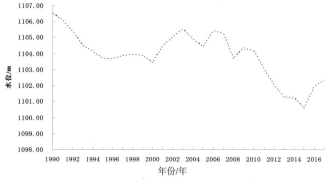

图 2-20　北郊水源地水位变化趋势图

银川市东郊水源地评价于 1995 年，设计开采井 34 眼，水源地可开采量 10 万 m³/d，勘探期第 II、第 III 含水岩组水位分别为 1.91 m 和 1.88 m，允许降深 45 m。2017 年实际开采量 8.55 万 m³/d，占允许开采量的 85.50 %。主要供银川市东部，石油城一带居民生活用水。根据东郊水源地内监测井东观 1-1（统一编号 6401220017）地下水水位监测数据，1998 年水源地内水位标高为 1108.83 m，2017 年下降为 1102.07 m，水位下降 6.76 m，在水源地开采程度较高的情况下，该水源地水位降深在允许降深范围以内（见图 2-21）。

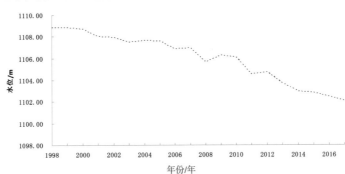

图 2-21　东郊水源地水位变化趋势图

银川市南郊水源地于 1999 年扩充勘探，设计开采井 30 眼，水源地可开采量 15 万 m³/d，勘探期水位为 2.7~5.9 m，允许降深 45 m。2017年实际开采量 5.58 万 m³/d，占允许开采的 37.20%。根据南郊水源地内监测井 K075（统一编号 6401110041）和 K077（统一编号 6401110042）地下水水位监测数据，水源地内水位标高由 1988 年的 1100.98 m 和1108.12 m，分别下降为 2017 年的 1095.49 m 和 1101.55 m，水位下降分别为 5.49 m 和 6.56 m，水源地水位降深在允许降深范围以内（见图 2-22）。

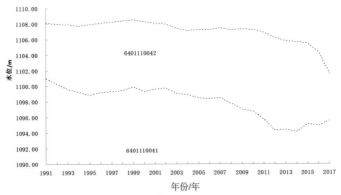

图 2-22　南郊水源地水位变化趋势图

银川市新市区南部水源地评价于 2001 年，设计开采井 24 眼，水源地可开采量 6 万 m³/d。2017 年实际开采井 20 眼，实际开采量 0.525 万 m³/d，占允许开采量的 8.75 %。主要供永宁、金凤区共 28288 户居民生活用水。

宁夏化工厂 I 水源地评价于 2004 年，设计开采井 24 眼，水源地可开采量 4.3 万 m³/d，允许降深 52 m。宁夏化工厂 II 水源地评价于 1995 年，设计开采井 22 眼，水源地可开采量 3 万 m³/d，勘探期第 II、第 III 含水岩组水位分别为 2.55~5.2 m 和 2.18~5.39 m，允许降深 40 m。2017 年实际开采井 18 眼。根据水源地内监测井化观 1（统一编号 6401210007）地下水水位监测数据，1997 年水源地内水位标高为 1122.23 m，2017 年下降为 1119.02 m，水位下降 3.21 m。以上两个水源地为企业自备水源地，地下水位降深在允许降深范围以内，且近年来处于较为稳定的状态（见图 2-23）。

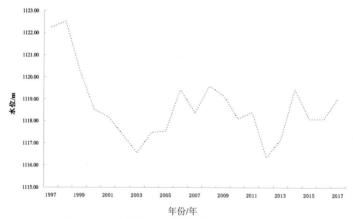

图 2-23 宁夏化工厂 II 水源地水位变化趋势图

永宁县水源地（第二水源地）勘探于 2000 年，设计开采井 6 眼，水源地可开采量 1.5 万 m³/d。2017 年实际开采量 1.027 万 m³/d，占允许开采量的 68.47 %。主要供永宁县城、西和村约 4 万人生活用水。

银川市贺兰县立岗水源地、银川市征沙水源地、银川市兴庆区月牙湖水源地、银川市兴庆区掌政水源地、银川市西夏区镇北堡水源地、永宁县闽宁镇水源地等 6 个水源地为备用水源地，目前均未开采。

综上所述，在目前已收集的数据范围内，银川市现有水源地水量可满足目前用水需求，水位降深均处于允许降深范围以内，且具有备用水源地 6 个。水量可保障城市供水需求。

（2）石嘴山市城市供水水源地水量安全性评价

石嘴山市现有地下水集中供水水源地 17 处，评价地下水 B 级允许可开采资源量 62.099 万 m³/d，已开采水源地 8 处。

石嘴山联合钢铁厂新水源地评价于 1991 年，设计开采井 10 眼，水源地可开采量 3.2 万 m³/d。2017 年实际开采井 11 眼，开采量 0.1344 万 m³/d，占允许开采量的 4.20 %，主要向厂区内 1100 人供水。

石嘴山市红果子水源地（第四水源地）评价于 1997 年，设计开采井 5 眼，水源地可开采量 1.0 万 m³/d，允许降深 36 m。2017 年实际开采井 5 眼。主要供红果子镇、宝丰等区域约 7 万人生活用水。

石嘴山市柳条沟水源地（第五水源地）评价于 2010 年，设计开采井 19 眼，水源地可开采量 4.679 万 m³/d，勘探期水位为 55 m，允许降深 68 m。2017 年实际开采井 18 眼，开采量 3.558 万 m³/d，占允许开采量的 76.04 %。主要供应惠农区约 15 万人生活用水。

大武口区第一水源地（北武当沟水源地）评价可开采量 4.75 万 m³/d。2017 年实际开采井 12 眼，开采量 1.474 万 m³/d，占允许开采量的 31.03 %。主要供大武口区约 6 万人及企事业单位用水。

石嘴山市大武口区二水源地评价于 2010 年，设计开采井 36 眼，水源地可开采量 7.2 万 m³/d。2017 年实际开采井 33 眼，开采量 3.329

万 m³/d，占允许开采量的 46.24 %。主要为大武口区企事业单位和约 15 万人供水。

石嘴山市工业园区水源地（第三水源地）评价于 2004 年，设计开采井 20 眼，水源地可开采量 8 万 m³/d，勘探期第 II、第 III 含水岩组水位分别为 0.82 ~ 5.67 m 和 0.95 ~ 6.53 m，允许降深 43 m。2017 年实际开采井 18 眼，开采量 2.151 万 m³/d，占允许开采量的 26.89 %。主要为星海镇、工业园区约 9 万人供水。

平罗县大水沟水源地评价于 2007 年，设计开采井 8 眼，水源地可开采量 2.0 万 m³/d。2017 年实际开采井 7 眼，开采量 1.2 万 m³/d，占允许开采量的 60.00 %。主要为平罗县城企事业单位和约 14 万人供水。

石嘴山市惠农区燕子墩水源地、石嘴山市惠农区罗家园子水源地、石嘴山市平罗县镇朔水源地、石嘴山市平罗县头闸水源地、石嘴山市平罗县小教场水源地、石嘴山市平罗县六中水源地、平罗县通伏水源地等 7 个水源地为后备水源地，目前均未开采；平罗县城水源地、平罗县城西区水源地受城市建成区影响，调查时已关停，目前未开采。

石嘴山市现有水源地中，水量可满足目前用水需求。且具有备用水源地 7 个。水量可保障城市供水需求。部分水源地受资料收集限制，实际开采量与水位变化数据有缺失。本次未做具体分析。

（3）吴忠市城市供水水源地水量安全性评价

本次重点评价银川平原范围内地下水集中供水水源地安全性，因此吴忠市仅考虑利通区、青铜峡市现有水源地。吴忠市利通区、青铜峡市现有地下水集中供水水源地 5 处，评价地下水 B 级允许可开采资源量 12.58 万 m³/d。均为现用水源地。

青铜峡市小坝水源地（含小坝东区水源地）最终评价于 2013 年，设计开采井 28 眼，水源地可开采量 5 万 m³/d，勘探期水位为 2.53 m，允许降深 39 m。2017 年实际开采量 2.2 万 m³/d，占允许开采量的 44.00 %。供水人口约 83600 人。

青铜峡市青铜峡镇水源地评价于 2000 年，设计开采井 6 眼，水源地可开采量 1.2 万 m³/d。2017 年实际开采量 0.8 万 m³/d，占允许开采量的 66.67 %。供水人口约 18000 人。

青铜峡市大坝水源地可开采量 1.5 万 m³/d，2017 年实际开采量 0.6 万 m³/d，占允许开采量的 40.00 %。供水人口约 9000 人。

宁夏青铜峡立新（青铜峡铝业自备电厂备用）水源地评价于 2010 年，设计开采井 6 眼，水源地可开采量 0.88 万 m³/d。勘探期水位为 2.53 m，允许降深 16 m。该水源地为企业自备水源地，仅向厂区供水。

吴忠市现有水源地中，水量均满足目前用水需求。部分水源地受资料收集限制，实际开采量与水位变化数据有缺失，因此本次未做具体分析。另外，吴忠市暂无城市后备水源地，应对突发事件供水能力不足，建议尽快选取供水有利地段评价后备水源地。

另外，石嘴山联合钢铁厂新水源地、宁夏化工厂 I 水源地、宁夏化工厂 II 水源地、宁夏青铜峡立新（青铜峡铝业自备电厂备用）水源地等 4 个水源地为企业自备水源地，由企业自行管理与供水。建议关停或进行调整，纳入宁夏回族自治区城市供水水源地统一管理平台中。

2. 水质安全性评价

为评价水源地水质现状，本次共采取现用水源地内开采井或自备井地下水样 21 组，并委托华测检测认证集团北京有限公司开展 106 项水质化验，检测内容包括：总大肠菌群、耐热大肠菌群、大肠埃希氏菌、菌落总数、贾第鞭毛虫、隐孢子虫等6项微生物指标；色度、浑浊度、臭和味、肉眼可见物、pH、铝、铁、锰、铜、锌、氯化物、硫酸盐、溶解性总固体、总硬度、耗氧量、挥发酚类、阴离子合成洗涤剂、氨氮、硫化物、钠等20项感官性状和一般化学指标；总 α 放射性、总 β 放射性等2项放射性指标；氯气及游离氯制剂、一氯胺（总氯）、臭氧、二氧化氯等4项消毒剂指标；砷、镉、铬（六价）、铅、汞、硒、氰化物、氟化物、硝酸盐（以 N 计）、三氯甲烷、四氯化碳、溴酸盐、甲醛、亚氯酸盐、氯酸盐、锑、钡、铍、硼、钼、镍、银、铊、氯化氰（以 CN-计）、六氯苯、六六六、林丹、滴滴涕、敌敌畏、乐果、甲基对硫磷、马拉硫磷、毒死蜱、对硫磷、氯乙烯、1,1－二氯乙烯、二氯甲烷、1,2－二氯乙烯、1,1,1－三氯乙烷、1,2－二氯乙烷、苯、三氯乙烯、二氯一溴甲烷、甲苯、一氯二溴甲烷、四氯乙烯、氯苯、乙苯、二甲苯、苯乙烯、三溴甲烷、1,4－二氯苯、1,2－二氯苯、六氯丁二烯、三氯苯、三卤甲烷、二氯乙酸、三氯乙酸、2,4,6－三氯酚、五氯酚、2,4－滴、七氯、三氯乙醛、灭草松、百菌清、呋喃丹、草甘膦、莠去津、溴氰菊酯、丙烯酰胺、邻苯二甲酸二（2-乙基己基）酯、环氧氯丙烷、苯并（α）芘、微囊藻毒素–LR 等74项毒理指标。

根据106项水质化验结果（见表2-8、图2-24、图2-25、图2-26），对银川平原部分城市供水水源地地下水存在菌落总数、锰、硝酸盐、总硬度等超标的现象进行分析：

①微生物指标方面，大武口第一水源地、石嘴山联合钢铁厂新水源地、石嘴山市红果子水源地、银川市东郊水源地、银川市南郊水源地、银川北郊水源地、银川南梁水源地、青铜峡市青铜峡镇水源地、青铜峡市大坝水源地等存在菌落总数超标的现象；石嘴山联合钢铁厂

表 2-8　银川平原各水源地水质超标项目汇总表

检测项目	总大肠菌群/(MPN·0.01mL⁻¹)	菌落总数/(CFU·mL⁻¹)	氟化物/(mg·L⁻¹)	硝酸盐(以N计)/(mg·L⁻¹)	浑浊度/NTU	肉眼可见物	锰/(mg·L⁻¹)	硫酸盐/(mg·L⁻¹)	溶解性总固体/(mg·L⁻¹)	总硬度(以CaCO₃计)/(mg·L⁻¹)	隐孢子虫/(个·0.1L⁻¹)
生活饮用水卫生标准(GB 5749—2006)	不得检出	100	1	10 地下水源限制时为 20	1 水源与净水技术条件限制时为 3	无	0.1	250	1000	450	<1
大武口第一水源地(北武当沟水源地)	未检出	1.9×10^3	0.11	4.39	<0.5	无	6×10^{-4}	168	609	372	未检出
石嘴山市大武口区(第二水源地)-1#	未检出	90	0.29	0.08	<0.5	无	0.0264	46.1	306	191	未检出
石嘴山市工业园区水源地(第三水源地)-1#	未检出	89	0.28	0.51	<0.5	无	0.0145	82.9	503	236	未检出
石嘴山联合钢铁厂新水源地-20#	2	2.5×10^2	1.18	10.8	<0.5	无	4.1×10^3	211	818	279	未检出
石嘴山市柳条匀水源地(第五水源地)-1#	未检出	1	0.84	4.96	<0.5	无	1.6×10^3	130	515	281	未检出
石嘴山市红果子水源地(第四水源地)-4#	未检出	247	0.66	7.23	<0.5	无	0.014	181	620	539	23
银川市新市区南部水源地-7#	未检出	2	0.42	0.03	<0.5	无	0.069	94.7	450	215	未检出

续表

检测项目	总大肠菌群/(MPN·0.01mL⁻¹)	菌落总数/(CFU·mL⁻¹)	氟化物/(mg·L⁻¹)	硝酸盐(以N计)/(mg·L⁻¹)	浑浊度/NTU	肉眼可见物	锰/(mg·L⁻¹)	硫酸盐/(mg·L⁻¹)	溶解性总固体/(mg·L⁻¹)	总硬度(以CaCO₃计)/(mg·L⁻¹)	隐孢子虫/(个·0.1L⁻¹)
东郊水源地-21#	未检出	6.2×10^3	0.27	0.04	<0.5	无	0.0774	124	614	318	未检出
银川南效水源地-11#	未检出	6.3×10^4	0.5	0.04	<0.5	无	0.0334	35.3	302	168	未检出
银川江效水源地-29#	1	3.7×10^3	0.31	0.04	<0.5	无	0.0774	44.1	332	246	未检出
银川江效水源地-30#	未检出	5.8×10^4	0.36	0.04	<0.5	无	0.0658	35.8	292	203	未检出
银川玡效水源地-44#	未检出	4.1×10^3	0.15	0.04	<0.5	无	0.14	91.3	540	346	未检出
银川南梁水源地4-A	4.1	2.7×10^3	0.22	0.04	<0.5	无	0.0516	18.2	202	128	未检出
银川南梁水源地4-B	未检出	8.2×10^2	0.17	0.04	<0.5	无	0.0681	14.7	210	144	未检出
永宁县闽宁镇水源地-1#	未检出	71	0.94	7.1	<0.5	无	0.0184	238	982	300	未检出
吴忠市金积水源地-7#	未检出	19	0.13	0.03	14.2	有	0.566	193	687	486	未检出
青铜峡市小坝水源地-10#	未检出	4	0.19	0.03	9.8	有	0.743	168	690	485	未检出
青铜峡市小坝东区水源地-3#	未检出	23	0.1	0.03	3.6	有	0.184	135	602	430	未检出
青铜峡市青铜峡镇水源地-3#	14.8	1.9×10^3	0.16	12.8	<0.5	无	$<5\times10^{-4}$	153	780	460	未检出
青铜峡市大坝水源地-5#	2	1.6×10^2	0.12	<0.02	7.8	有	0.0412	119	541	381	未检出
东郊水源地-自备井	未检出	4.7×10^2	0.29	1.44	<0.5	无	0.235	299	1.04×10^3	664	未检出

注：表中加粗项为超标项。

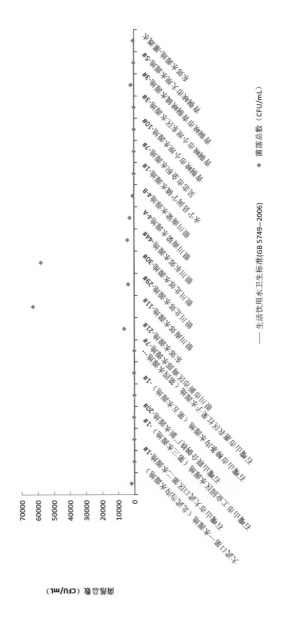

图 2-24 银川平原各水源地菌落总数检测结果示意图

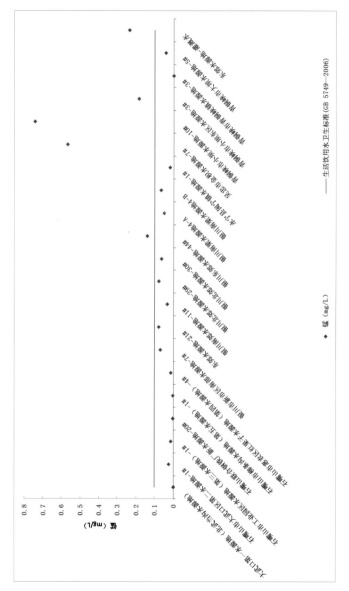

图 2-25　银川平原各水源地锰含量检测结果示意图

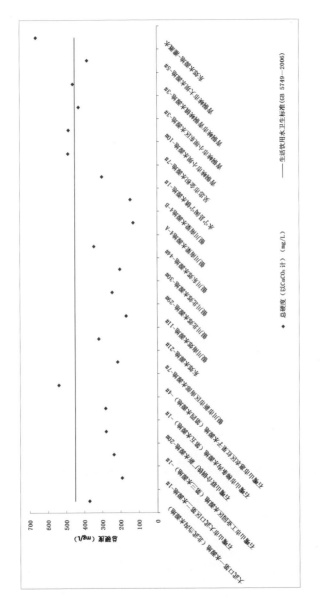

图 2-26　银川平原各水源地总硬度检测结果示意图

新水源地、银川北郊水源地、银川南梁水源地、青铜峡市青铜峡镇水源地、青铜峡市大坝水源地等存在总大肠菌群超标的现象。石嘴山市红果子水源地隐孢子虫超标。分析其原因：一是采取地下水原水样进行分析，与生活饮用水标准进行对比后，地下水中微生物指标有所超标。该超标项通过自来水公司处理后，出厂水与管网水可达标。二是本次水样采集时间为 3～4 月，水样采集后在北京进行化验，运输过程中可能会造成水样内微生物指标上升。

②感官性状和一般化学指标方面。吴忠市金积水源地、青铜峡市小坝水源地、青铜峡市小坝东区水源地、青铜峡市大坝水源地浑浊度超标，并且有肉眼可见物；吴忠市金积水源地、青铜峡市小坝水源地、青铜峡市小坝东区水源地锰含量超标；石嘴山市红果子水源地、吴忠市金积水源地、青铜峡市小坝水源地、青铜峡市青铜峡镇水源地总硬度超标。超标原因为原生地质环境影响，区域地层中铁、锰、氟、钙、镁等离子含量较高，溶解进入地下水造成的。

③毒理指标方面。石嘴山联合钢铁厂新水源地氟化物超标。超标原因为原生地质环境影响，区域地层中氟离子含量较高与水接触时溶解入地下水造成的。石嘴山联合钢铁厂新水源地、青铜峡市青铜峡镇水源地硝酸盐（以 N 计）超标。分析其超标原因，石嘴山联合钢铁厂新水源地为生活和工业废水污染，因水源地为联合钢铁厂自备水源地，受企业生产影响；青铜峡市青铜峡镇水源地则为原生地质环境影响。

为了解水源地水质多年变化特征，本次收集国家监测网地下水水质枯水期监测数据进行分析。国家级地下水水质监测孔枯水期取样时间为每年 3～4 月，作水质全分析测试。

本次选取银川市勘探年限较长、开采程度较高、基础环境状况较为复杂的南郊水源地、东郊水源地、北郊水源地水质监测数据，分析水源地铁、锰、氨氮变化情况。

　　银川市南郊水源地监测井数据显示，铁、锰离子均达到《地下水质量标准》（GB/T14848—2017）中Ⅲ类水标准，但二者均呈上升趋势，尤其是2012—2014年间，有较为明显的升高；氨氮含量则由2009年的0.15 mg/L，上升至2017年的0.62 mg/L，并且自2012年起，超过了《地下水质量标准》中Ⅲ类水氨氮含量标准0.5 mg/L。南郊水源地地下水氨氮含量逐年上升，与农业面状污染具有直接关系。

　　银川市北郊水源地监测井数据显示，地下水中锰离子含量满足《地下水质量标准》中Ⅲ类水标准，但呈逐年上升趋势；铁离子则于2012年和2014年超过标准限额0.3 mg/L，尤其是2012年，突升至0.6 mg/L，分析2012年数据受取水条件等因素影响，导致该组数据偏高。对比北郊水源地另一监测井数据后发现监测数据在标准值以下。但总体而言，北郊水源地中铁离子亦呈上升趋势。氨氮含量方面，北郊水源地满足《地下水质量标准》中Ⅲ类水标准，但总体仍呈上升趋势，直至2017年才有所回落（见图2-27、图2-28、图2-29）。

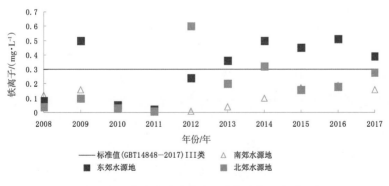

图2-27　部分水源地铁离子多年变化示意图

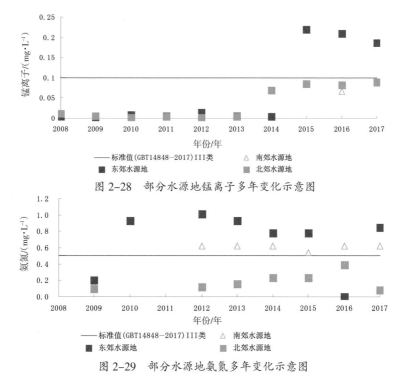

图 2-28　部分水源地锰离子多年变化示意图

图 2-29　部分水源地氨氮多年变化示意图

据本次调查，目前现有的自来水厂都已启用除铁、锰设备；同时，为保障供水安全，银川市南郊水源地自 2017 年 11 月以来，逐步关停了氨氮超标的 20 眼开采井。

目前银川平原水源地水质监测工作由多部门开展，如水源地管理部门主要对水源地混合水、管网水等进行监测；卫生部门从疾病预防角度出发，对出厂水质进行检测；环保部门出于对地下水质量监管的目的，对开采井原水进行检测。由于各部门出于不同目的，采取不同时段、不同位置水样进行检测，导致本次受限于水质资料不足因素影响，水源地水质评价工作不够全面，评价时间序列偏短，评价范围小。另外，水源地勘探时，在每个水源地勘探报告中，都会根据该水源地的实际情况，要求预留 1~2 个勘探孔作为观测孔，用于监测该水源地运行过程中水质、水位变化情况。然而这一工作，在水源地实际运行中落实不够，现有的地下水动态监测网络，也没有覆盖到各水源地。因此不能详细了解水源地在开发利用过程中水位降深和水质变化情况。建议根据水源地勘探与运行的要求，在水源地选取观测孔，监测水源地运行过程中水质、水位变化情况。为城市供水安全评价工作提供依据。

3. 水源地安全性评价结果

根据以上安全性评价，银川平原目前现用的水源地整体水量、水质情况较好。

水量方面，现用水源地开采量与补给量多处于平衡状态，水量满足城市供水需求，大部分水源地在供水高峰时段，可扩大开采，提高供水能力。水位下降均在水源地评价允许最大降深范围内，水量保证程度较高。

水质方面，根据收集的水源地历年水质资料对比分析后发现，银川平原地下水集中供水水源地主要超标项目为铁、锰、氨氮等。不同水源地受不同条件制约或地表环境因素影响，超标项也有所不同。但总体而言，水源地中各项离子多数满足《地下水质量标准》中 III 类水标准，超标项目多为原生地质环境影响，水质基本可满足供水需要。

2.3　水源地安全保护工作存在的主要问题

银川平原水源地保护工作大致经历了三个阶段：第一阶段是各水源地勘探评价期均根据水源地设计方案，提出了水源地保护区的划分和保护建议；第二阶段自 2007 年起，在宁夏回族自治区环境保护厅统一安排部署下，由银川市和各地级市环保局、自来水公司承担，开始对各地下水集中供水水源地基础环保工程进行调查评估，并进行工程保护；第三阶段为 2017 年以来，水源地保护的要求进一步加强，一系列水源地保护区的划分、生态红线的划定、环境整治措施逐一落实，水源地保护日渐规范化、科学化。

但是受技术条件、资金的限制等因素影响，水源地保护过程中，也存在一定的问题，主要表现在以下几个方面：

①地下水集中供水水源地保护技术依据、标准不明确，水利部门、国土部门、环保部门等保护标准不统一，因此在水源地保护区划定时，所选标准有所不同，水文地质条件考虑不足。

②目前银川平原各水源地中，尚有 22 个地下水集中供水水源地未经政府批复设立保护区（以备用水源地为主），有 9 个水源地未划定生态保护红线（包括企业自备水源地），需要进一步核实水源地实际情况，根据需求尽快划分水源地保护区；同时，原有的水源地保护区划定工作，或采用经验值法，或尚未完成进一步的水源地保护区边界踏勘与实地验证工作，保护区划分权威性与科学性略显不足；受技术条件的限制，水源地保护区边界的确定是通过现场调查和 GPS 定位实现，对于边界描述仅限于文字和 GPS 测定的拐点坐标，误差较大。此外，在水源地勘探建设阶段，部分开采井受限于土地、管网等地表附着物实际情况，略有移位，水源地内实际布井存在超出保护区边界的现象。另外还有以东郊水源地为例的部分水源地实际开采井与设计开采井数量不一致的现象，以及南郊水源地为例的关停氨氮等离子超标开采井的现象。

③银川平原人类活动频繁，地下水集中供水水源地多分布于城市边缘、工矿企业附近、农业耕作区，水源地受到人类活动影响很大，

水源地保护区内基础环境不能满足要求，具体表现如下：一是部分水源地在过去实施勘探时处于城市边缘，但是随着城市人口增多、城市规模扩大，水源地布井区已经处于城市建成区内或者城市规划区内（如银川市南郊水源地等），城区规模的扩大已不利于水源地的保护工作，一些原有水源地已不适合作为城镇供水水源地。二是部分水源地在勘探时处于工业园区附近，但是随着工业园区规模扩大、工厂增多，水源地布井区已经处于工业园区范围内，一些重工业企业、化工企业对水源地影响很大，非常不利于水源地的保护工作。三是银川平原多数水源地位于农业生产区，水源地的补给来源主要为渠道入渗补给和农田灌溉入渗补给，但是随着现代农业生产对化肥农药的应用增多，对水源地水质的影响越来越大。四是水源地保护区内存在畜禽养殖、鱼塘水产、企业、加油站、农家乐等点状风险源，可能会给地下水环境带来一定的隐患。五是道路、排水沟渠穿越保护区情况较为严重，如惠农区燕子墩水源地、平罗县大水沟水源地、银川市东郊水源地等，排污沟穿越水源地保护区，污水下渗可能会对水源地水质产生一定的影响。

④水源地管理体系、管理制度、管理措施仍有薄弱环节，水源地监管风险较大。具体表现如下：一是水源地监管部门不同，石嘴山联合钢铁厂新水源地、宁夏青铜峡立新（青铜峡铝业自备电厂备用）水源地等企业自备水源地由企业自行管理，其余城市供水水源地多为不同部门或单位监管，涉及监管单位包括中铁水务集团有限公司、星瀚集团等近十家。企业化管理虽然在一定程度上为城市供水提供了较好的服务，但是缺乏统一监管体制，使得城市供水过程中，存在着水源地应急保障机制缺乏、水资源优化配置与保护不足等隐患。二是部分水源地未设置专门的监测井。水源地勘探时，均提出了建立专门监测井的建议，对地下水的水位、水质等进行监测。但在调查中发现，部

分水源地内无固定监测井，多数水源地水质监测常根据不同时期的开采情况选择不同开采井。水质检测部门也各有不同。由宁夏回族自治区国土资源厅建立的地下水监测系统中，对部分水源地的水位、水质、水温进行了长期监测，但目前看来，监测工作仅限于东郊水源地、宁夏化工厂 II 水源地、南郊水源地等勘探年限较长的水源地，备用水源地与新勘探水源地则均无长期监测井，缺少时间序列的监测资料。三是水源地监测预警机制不足，本次调查中发现，除银川市内的部分水源地安装了监控系统以外，其余水源地内无监控系统，也没有建立统一的水源地监测预警平台与机制。四是水源地应急保障能力不足。银川平原现有水源地中，银川市、石嘴山市尚有一些后备供水水源地，可以满足银川市、石嘴山市的后备供水；而吴忠市没有后备供水水源地，不能应对供水紧张事件。同时现有的水源地仅包括现用水源地与后备水源地，若遇突发状况，无法保障用水安全。需要在科学评价的基础上，探索深部地下水应急供水机制，以应对突发状况下的短期应急供水。

⑤水源地勘探与运行技术支撑不足。主要表现在以下方面：一是水源地勘探过程中，存在施工单位技术能力不足、无序实施开采井、缺乏审查审批管理制度等现象，造成潜水与承压水含水层串通，使得部分上层潜水补给承压水，导致承压水水质变差。二是目前已勘探的地下水集中供水水源地，多为不同时期、不同目的所实施的。如银川市东郊水源地为 1995 年完成勘探，而掌政水源地、立岗水源地则于 2015 年完成勘探。同时，还有部分水源地，如青铜峡市小坝水源地、灵武市崇兴水源地等，经过了改扩建工程或二次扩充勘探。开采年限较长水源地，以及水源地布井方案受当地实际条件制约有较大变化或调整的水源地，需要重新开展地下水水源地评价工作。

第3章　饮用水水源地保护原则与保护工程

3.1　城市供水水源地保护基本原则

　　饮用水水源地保护的原则作为指导饮用水水源地保护管理的指导性准则，一般是形成饮用水水源地保护法规的指导性纲领或基本原理。以中国目前的生态环境情况，坚持以下原则具有重要意义。

3.1.1　坚持保护优先，保障用水安全

　　2014年4月24日第十二届全国人民代表大会常务委员会第八次会议修订通过的《中华人民共和国环境保护法》第5条规定"环境保护坚持保护优先、预防为主、综合治理、公众参与、损害担责的原则"。这是中国环境立法首次将"保护优先"确立为基本原则。所谓保护优先原则是指在国家的行政管理过程中，应当把环境保护作为行政决策的优先事项，当生态利益与包括经济利益在内的其他利益发生冲突时，应当优先保障社会的生态利益和国家的生态安全。保护优先原则是对环境的保护行为要优先于对环境的开发利用行为，必须严格落实国家关于生态保护红线、资源利用上线等硬约束，根据《饮用水水源保护区划分技术规范》（HJ 338—2018）有关要求，划定并进行特殊保护一定面积的陆域，实行优先保护，确保水源地水质满足生活

饮用水需要，切实保障群众用水安全，坚定不移地打好水源地保护攻坚战。

3.1.2 坚持正确导向，明确保护任务

以水源地环境调查为基础，针对水源地保护区内各类环境问题及风险源，聚焦问题、分类施策、精准发力，有指向性、有侧重点地提出水源地安全保护工程，明确各类安全保护工程建设目标、建设任务、工程内容、工程规模等。确保水源地各项安全保护工程有的放矢、取得实效。

3.1.3 注重依法监管，推进保护立法

严格执行《饮用水水源保护区污染防治管理规定》、《饮用水水源保护区划分技术规范》（HJ 338—2018）、《集中式饮用水水源地规范化建设环境保护技术要求》（HJ 773—2015）、《饮用水水源保护区标志技术要求》（HJ/T 433—2008）、《地下水质量标准》（GB/T 14848—2017）等国家法规和行业规范，依法开展水源地安全保护工作与监督管理工作，严格各项保护措施；同时，积极推进水源地保护立法，完善水源地保护法规体系，加强巡查检查，依法规范水源地保护区范围内的各类活动，依法严惩重罚水源地保护区内违法犯罪行为。

3.1.4 统筹规划部署，推进全面共治

在全面普查水源地现状的基础上，统筹兼顾、系统谋划。体制方面，建立健全水源地保护体制机制，严格水源地保护环境标准，完善整治、经济等各类政策，增强科技支撑和能力保障；分工方面，强化协调、整合力量，区域协作、条块结合，政府、企业、公众各尽其责、共同发力，政府积极发挥主导作用，水源地保护区内企业主动承担环境治理主体责任，公众参与水源地保护、监督工作。提升水源地安全保护的系统性、整体性、协同性。

3.1.5　方法科学合理，注重因地制宜

综合考虑银川平原地区人口、经济社会发展、供水工程现状和规划情况，因地制宜，结合各水源地实际情况与保护需求确定安全保护工程，保证工程的实际可操作性与可落地性。同时，坚持节约、清洁、安全发展，在发展中落实保护，在保护中促进发展，实现可持续的科学发展。

3.2　国内外水源地保护制度与管理经验

对地下水集中供水水源地的保护是一项政策性和技术性都很强的工作。世界各国对地下水集中供水水源地的保护都极为重视，但受经济、社会体制和地理环境等条件的影响，水源地保护程度，以及相关的法规内容与技术标准也不尽相同。研究和学习国内外的饮用水水源保护制度和管理经验，有助于完善和创新宁夏现行饮用水水源保护制度。

3.2.1　中国饮用水源保护法律法规

中华人民共和国成立以来，中国先后颁布了《中华人民共和国环境保护法》、《中华人民共和国水法》等国家法律和《中华人民共和国城市供水条例》等行政法规，设立条款对饮用水水源保护进行了相关规定。为了更好地保障居民用水安全，更加有效地管理饮用水水源地，中国国务院及各部门还颁布了各类部门规章。如国家环境保护局、卫生部、建设部、水利部、地矿部联合颁布的《饮用水水源保护区污染防治管理规定》，规定了饮用水地表和地下水源保护区的划分和防护、保护区污染防治的监督管理以及奖励与惩罚等内容。环保部颁布的《饮用水水源保护区划分技术规范》对河流、湖泊、水库、地下水等不同类型水源地保护区划分方法进行了规范。这些部门规章规

定比较详细，对加强饮用水水源保护区方面的保护工作起到了具体的指导作用。此外，各地则针对本地实际情况制订了专门的水源保护管理条例，如《上海市黄浦江上游水源保护条例》《吉林省城镇饮用水水源保护条例》《四川省饮用水水源保护管理条例》《青海省饮用水水源保护条例》等等，或在环境保护条例和水污染防治条例中对水源地保护进行了相关规定，如《上海市环境保护条例》《江苏省长江水污染防治条例》等。上述国家法律、行政法规、部门规章、标准规范和地方法规共同构成了中国多层次的饮用水水源地保护法规体系。

宁夏回族自治区人民政府十分重视饮用水水源地保护工作。自2006年以来，多次开展了相关调查研究工作，取得了诸多成果和经验。近年来，相继出台了《银川市饮用水水源保护区污染防治管理办法》《宁夏回族自治区水资源管理条例》《银川市水资源管理条例》等地方性法规，饮用水源保护与管理工作跨入全国先进行列。

3.2.2　美国饮用水源保护制度与管理经验

美国最早在20世纪中叶就开始了饮用水水源的保护工作，经过一系列探索，在1974年制定了《安全饮用水法》，《安全饮用水法》与《清洁水法》一起奠定了水源保护的法律基础。美国至今尚无专门针对水源地保护的联邦法律，《清洁水法》（Clean Water Act，简称CWA）和《饮用水安全法》（Safe Drinking Water Act，简称SDWA）是其进行饮用水源管理的法律依据。CWA规定了包括水源地在内的各州所有水体环境应达到的最低要求。SDWA规定设立水源保护区制度，并授权美国环保局保护人们饮用水的安全，规定联邦各部门的管辖权让位于水源保护区当局的管辖权。各州根据CWA和SDWA规定，针对各自水源地情况进行水源地评价，制订水源保护法规和水源保护区计划，建立水源地保护体系。

美国饮用水水源保护制度的特点是突出了各机构间协调以及公众参与的重要作用：一是明确饮用水水源保护区当局的主导地位，建立联邦、州政府以及各部门协调配合，以地方行政区域为基本单位且分工明确的水资源管理模式；二是根据实际情况划分保护区并制定饮用水水源保护区制度，联邦、州和地方政府三级突发事件应急制度，地下饮用水水源保护制度，饮用水水源评估制度以及生态补偿制度等基本制度，形成了较为完善的制度体系；三是充分保障公众参与权。

3.2.3　德国饮用水源保护制度与管理经验

德国是最早开展水源地保护的国家，水源保护区的建设始于 18 世纪末，至今已有 200 多年的历史，保护经验与管理水平在国际上处于领先地位。德国在水源保护方面经过长期实践，已经形成了一系列完备的保护饮用水水源地和保护区的法律、法规和政策。德国《水法》规定，所有饮用水取水口都要通过建立水源保护区进行保护，并先后颁布了《地下水水源保护区条例》、《水库水源保护区条例》及《湖水水源保护区条例》等相关配套法律。县级以上政府参考以上法律和条例，结合本地情况立法划定水源保护区，制定和颁布保护措施。

德国具备完善的饮用水水源保护区制度，在水源保护区的建立程序、划分方法、保护措施等方面进行了详细规定。水源保护区划分方法上认识到全流域生态系统保护是水源保护区成功的前提条件，力争将取水口所在流域全区划定为水源保护区，至少包括流域区内取水口上游区；水源保护区建立过程中强调当地居民和团体的利益和参与方式；水源保护区的保护措施方面，强调各地人文地理和政治经济差异、资源价格政策配合等。

3.2.4 其他国家水源保护经验

日本饮用水源保护法规体系由《河川法》《公害对策基本法》《水污染防治法》等构成，并形成了饮用水源水质标准制度、饮用水源水质监测制度、水源地经济补偿制度、紧急处置制度。管理机构方面，则设立了具有最高水资源管理权的中央级机构，统一协调地方各部门对水进行管理，对于跨区域的饮用水水源地，则把流域管理作为重中之重。

加拿大饮用水保护方面的法律主要有《安全饮用水法》（Safe Drinking Water Act）和《水与污水系统可持续发展法》（Sustainable Water and Sewage System Act）。在管理体制上，加拿大设立了全国三级政府和相关保护机构分工明确的地区性饮用水水源地保护体制。最高政府主管水资源跨界问题；省级政府负责水资源管理；地方政府则享有当地土地规划权；保护机构主要是承担地表及地下水的管理和保护工作。加拿大实行的是一种综合利用集水区自然资源相关原理和方法的管理模式，对地表水和地下水进行集成管理，这种保护体制有利于水资源的高效管理，不同决策部门的默契配合、共担权责，加强部门间联系。与此同时，加拿大三级政府在地下水的管理中都起到了重要的作用，努力提高民间组织的参与度，并大力进行水资源管理方面的宣传教育，促进当局与民众进行实时有效的沟通，对基层民间组织的饮用水水源保护工作起到了很好的效用。

新加坡水源污染控制主要由环境部依据《水源污染管制与排水法令》执行，为了保护水源地原水水质，环境部严格执行各项反污染法令，实行严格的反污染措施，并与公用事业局联合使用一套抽取水样本的完整网络系统来监测地面径流及水源地的水质，有效地控制和减少了水源地污染。

国外通过长期实践在饮用水水源地保护法规方面取得了较好的经验，尤其是美国涵括水源地保护的一级立法、严格的公众参与制度，德国使用完善的饮用水水源保护区制度，日本的饮用水源水质标准和水质监测制度、水源地经济补偿制度、紧急处置制度，以及新加坡的水源污染管理制度等，为中国饮用水水源地保护法规体系的完善提供了很好的借鉴作用。

3.3　水源地安全保护工程

3.3.1　实施对象

银川平原现有的39处城市供水水源地中，已有28个地下水集中供水水源地于2017年划定了生态保护红线。为提高水源地保护的效率与意义，本次对水源地保护工程的设置，以2017年度划定生态保护红线并上报环保部的水源地为主，并结合实际情况有所侧重。

银川平原目前尚未划定生态保护红线的水源地有11个：平罗县城水源地、平罗县城西区水源地已关停，建议废弃，对开采井进行封填，不设置安全保护工程；石嘴山联合钢铁厂新水源地、宁夏化工厂Ⅰ水源地、宁夏化工厂Ⅱ水源地、宁夏青铜峡立新（青铜峡铝业自备电厂备用）水源地为企业自备水源地，建议关停，并入城市供水管网中，不设置安全保护工程；备用水源地石嘴山市平罗县六中水源地已在城建区范围内且县城周边有其他代替水源，建议不设置安全保护工程；石嘴山市平罗县小教场水源地为微咸水，当地计划用作生态用水，建议不设置安全保护工程；贺兰县水源地地处银川市城市规划区内，未划定生态保护红线，建议关停，贺兰县城由银川市供水管网统一供水，本次不设置安全保护工程；银川市兴庆区掌政水源地、永宁县闽宁镇水源地为镇级水源地，未划定生态保护红线，也未经政府批复设立保护区，本次不设置安全保护工程，但根据水源地可开采量，掌政水源地属大型水源地，建议下一步划定保护区，并加以保护。其余 28 个水源地中，银川市南郊水源地（二、五水厂）、银川市新市区北郊水源地（六水厂）和永宁县水源地（第二水源地）目前已进入城市建成区或规划区，水源地安全保护难度大，建议关停或调整，重新评价可采资源量，本次暂不设置安全保护工程。

3.3.2 水源地保护区划定

划定水源保护区是开展水源地保护的重要基础。目前银川平原现用及备用水源地中，尚有 14 个地下水集中供水水源地未经政府批复设立保护区，其中以备用水源地为主（见表 3-1）。应尽快对石嘴山市惠农区燕子墩水源地等 14 个水源地开展保护区划定工作，尤其是陶乐高仁镇水源地、灵武大泉水源地、青铜峡市大坝水源地和吴

表 3-1　银川平原城市供水水源地保护区划分情况表

序号	水源地名称	使用情况	保护区划定工作说明
1	石嘴山市惠农区燕子墩水源地	备用	划分保护区，并报政府批复
2	石嘴山市惠农区罗家园子水源地	备用	划分保护区，并报政府批复
3	石嘴山市平罗县镇朔水源地	备用	划分保护区，并报政府批复
4	石嘴山市平罗县头闸水源地	备用	划分保护区，并报政府批复
5	平罗县通伏水源地	备用	划分保护区，并报政府批复
6	陶乐高仁镇水源地	现用	尽快划分保护区，并报政府批复
7	贺兰县水源地	现用	划定生态保护红线
8	银川市贺兰县立岗水源地	备用	划分保护区，并报政府批复
9	银川市兴庆区月牙湖水源地	备用	划分保护区，并报政府批复
10	银川市西夏区镇北堡镇水源地	备用	划分保护区，并报政府批复
11	灵武市大泉水源地(灵武煤田磁窑堡碎石井矿区水源地)	现用	尽快划分保护区，并报政府批复
12	青铜峡市小坝水源地(含小坝东区水源地)	现用	正在报批复
13	青铜峡市大坝水源地	现用	尽快划分保护区，并报政府批复
14	吴忠市金积水源地	现用	尽快划分保护区，并报政府批复

忠市金积水源地等4个现用水源地，要加快推进水源地保护区划定的进度。

3.3.3 水源地保护工程部署

为达到保障水源地供水安全的目的，需根据各水源地实际情况与保护需求，在水源地保护区内有的放矢开展相关整治工作，设置必要的保护工程，建立健全水源地管理体系。

根据各水源地运行现状与保护区内基础环境状况，本次研究的25个城市供水水源地安全保护工程通过以下三个层次来部署：一是水源保护区基础设施建设工程，包括设置水源保护区隔离防护设施和保护标志；二是环境恢复整治工程，主要包括现有村庄、社区、工厂和养殖企业的搬迁、垃圾固废清运以及保护区内排水沟等环境恢复整治；三是水源地监管建设工程，主要包括完善水源地监测（预警）系统、后备水源地与应急水源地保障工程建设等内容（见表3-2）。

表3-2 银川平原城市供水水源地安全保护工程总体布置一览表

序号	基础设施建设工程	环境恢复整治工程	水源地监管建设工程
1	按照"集中式饮用水水源地规范化建设环境保护技术要求"在保护区边界设置保护标志	现有建筑、生活垃圾和固废垃圾清运工作	建立空中、地面、地下多元化的水源安全实时监测系统，以各水源地水位、水质、水温和水位下降速率、资源量定期评价结果建立预警体系
2	保护区内存在村庄和住宅区等人口敏感区设置水源地保护宣传标志	洗煤厂、垃圾堆填点等污染区域生态恢复整治工作	规范水源地管理，统一水质检测指标和报告格式，建立监测网，定期发布水源地监测数据，管理水源地运行状态
3	保护区界线以村庄、道路和沟渠为边界的设置隔离防护网	保护区内养殖场、企业、村庄等搬迁工作	穿过水源地的排水沟上游严格限制排污，严格控制入河、入沟排污量
4	保护区内有高速公路、铁路、一般道路穿过，且人、车流量较密集的，在其交界处设置交通警示牌	自备井关停、封堵工程（以搬迁工程中实际自备井数为准）	水源地群井开采布井区与实际开采井不一致，水源地地下水资源再评价；每年组织开展1次饮用水水源地安全调查评价

3.3.4 后备水源地与应急保障工程

1. 后备水源地

2005 年，国办发［2005］45 号文件《国务院办公厅关于加强饮用水安全保障工作的通知》中明确提出"各省、自治区、直辖市要建立健全水资源战略储备体系，各大中城市要建立特枯年或连续干旱年的供水安全储备，规划建设城市备用水源，制定特殊情况下的区域水资源配置和供水联合调度方案"。2006 年国务院还颁布了《国家突发公共事件总体应急预案》。据此全国许多城市陆续开展了一系列的应急后备水源地论证、勘查和建设工作。

银川平原城市供水水源地有 39 处（见表 3-3），其中备用水源地 13 处，主要分布在银川市、大武口区、平罗县。贺兰县和永宁县也各有 1 处备用水源地。但灵武市、利通区、青铜峡市目前均无后备水源地。

表 3-3 银川平原各市县备用水源地情况统计表

| 行政区划 | | 现用水源地 | | 备用水源地 | | 备注 |
市	县区	数量	可开采量/ $(10^4 m^3 \cdot d^{-1})$	数量	可开采量/ $(10^4 m^3 \cdot d^{-1})$	
银川市	银川市	7	66.3	4	12.8	
	贺兰县	1	3	1	3	
	永宁县	1	1.5	1	1.5	
	灵武市	2	6.5	0	0	评价后备水源地
石嘴山市	大武口区	3	19.95	0	0	
	惠农区	3	8.879	2	6	
	平罗县	2	2.52	5	20.75	
吴忠市	利通区	1	4	0	0	评价后备水源地
	青铜峡市	4	8.58	0	0	评价后备水源地
合计		24	121.229	13	44.05	

为保障各市县在遭遇自然灾害、有毒有害物质泄漏等突发事件时有应急水源地短期解决饮用水问题，应在灵武市、吴忠市、青铜峡市

部署和实施重点城市应急后备地下水水源地各 1~2 处。力争使重要市县拥有或圈定优越的地下水应急后备水源地，在发生应急涉水事件时，应急供水规模可以满足本地短期内基本用水需求。

2. 应急保障工程

构建严密的应急体系是应对突发环境事件的有效手段。其内容应包括：应急水源建设、应急预案制订和定期修改、应急技术专家库、应急监测能力建设等方面。

应急水源建设方面，目前银川平原地下水集中供水水源地主要开采单一潜水区以及第 II、第 III 含水岩组地下水，仅石嘴山市大武口区二水源地开采第 IV 含水岩组地下水。近年来相关地质调查项目调查与勘探结果显示：银川平原第 IV 含水岩组底板埋深 340～370 m，含水层厚度在 50～150 m 之间，含水层岩性以细砂、黏砂土为主，部分地区有黏性土夹层。富水性多为 1000～3000 m^3/d，在西南部邵岗镇靠近贺兰山前局部地区富水性较差，小于 1000m^3/d，在平罗县城—洪广镇—银川市丰登镇一线及瞿靖镇北部局部地区富水性较好，单井涌水量大于 3000 m^3/d。该含水岩组地下水水质普遍较好，溶解性总固体 0.297～1.364 g/L，仅在银川市东北部的 039 号孔水质较差，溶解性总固体 5.229 g/L。

根据应急水源建设相关要求，要具体提出应急水源不低于 7 天供水量、可在 2 小时内启动应急水源供水方案。考虑应急供水实际需要与可操作性，建议在银川市、贺兰县、平罗县等地，选择 6～8 个现有的地下水集中供水水源地，进行第四含水岩组水资源勘探与评价工作，作为各市县应急水源。同时，制订应急水源地供水方案，尽可能利用现有水源地供水管网，在遭遇突发状况时，及时有效地进行短期保障性应急供水。

另外，各水源地均应制订应急预案，对水源地提出事故风险并细化相应的应急措施。并制订水源地常见污染物处置方案，建立技术专家库、配备应急监测设备、落实应急责任等。确保发生突发环境事件时，能及时控制污染扩散并保障正常供水。

水源地应急预案制订遵循以下原则：一是以防为主，充分考虑潜在的突发性事故风险；二是应急措施具备科学性、针对性、及时性和有效性；三是以人为本的原则，确保城镇居民饮用水安全；四是分级管理原则，在市/县委、市/县人民政府的领导下，坚持分级管理、分级响应、属地管理为主的原则；五是依法规范原则；六是建立和完善水源地环境事件应急预案体系，依法实施水源地应急预案；七是应急响应保障，加强水源地应急救援队伍、物资、设备等能力建设和备用水源地建设。具体应急制度包括以下方面：

（1）信息发布制度

报告时限和程序：严格执行环保事故报告制度。水源地环境事件责任单位和责任人以及负有监管责任的单位发现可能影响到饮用水水源地水质安全环境事件后，在2小时内向所在地县（区）级人民政府报告，同时，向上级相关主管部门报告。接到水源地环境事件报警信息的环境保护行政主管部门，在初步核实环境事件级别后，在2小时内分别向本级饮用水水源环境应急办公室、事发地市区级人民政府及其饮用水水源环境应急办公室报告。

水源地环境事件报告方式与内容：报告分速报、确报两种方式。速报从接到事件报警信息后2小时内上报，主要内容为信息来源、发生时间、地点、原因、污染源、受污染区域、受影响人群以及时间潜在危害的初步情况，报告方式为电话或传真；确报是在速报的基础上，报告有关核实、确认的数据，包括事件发生的原因、过程、受污染程度、应急救援、处置效果、现场监测、污染危害控制状况等基本情况，报告方式为传真或书面报告。设立应急事故专门记录，建立档案和报告制度，有专门部门负责管理。

信息发布：由市/县（区）人民政府环境应急办公室负责统一对外发布较大、重大、特大饮用水水源环境事件的信息。

（2）急用水管理制度

切实落实环保救援措施。区域发生水源地水质污染事故，影响人民群众饮用水安全时，根据影响范围和影响程度由当地政府就近组织供水或启动备用、应急水源向受污染影响范围的居民供水，优先保障居民饮用水需要。

（3）紧急救援技术及人员

根据饮用水污染事件性质和类型，由水源地环境应急办公室相关成员单位技术骨干组织紧急救援技术组。

同时，成立紧急救援专家小组，对水源地污染事件危害程度进行分析、判断、预测，评估应急处置的效果，并提出意见和建议。

（4）宣传、培训与演习

水源地环境事件应急办公室通过报刊、电视、宣传栏等新闻媒介，向大众开展饮用水安全知识及水污染危害知识宣传。

环境保护行政主管部门定期开展水环境应急监测、应急处置人员培训，提高环境应急队伍的应急能力。

水源地环境事件应急办公室定期组织水源地环境事件应急综合演练，提高事件预警、应急响应的组织指挥、部门协调、现场控制、紧急救援的应对能力。

3.3.5 水源地供水资源量再评价工程

根据地下水集中供水水源地有关规定，水源地应按照布井方案，合理设置开采井位置，科学开发利用地下水资源；同时，评价二十年来开采期水质、水量保证程度。对于超采、与设计不符、超过评价期等水源地，有必要开展水源地地下水集中供水资源量再评价工作。

目前银川平原部分地下水集中供水水源地存在以下情况：一是水源地开采时间超过 20 年，超过资源量评价期限。调查发现银川平原城市供水水源地超期服役的水源地有 9 个，以石嘴山市红果子水源地为例，资源量评价时间为 1997 年，至今已 21 年，需要对其资源量做出新的评价。二是水源地开采井实际布置与设计位置不一致，超出布井区范围。以灵武市崇兴水源地为例，勘查时布井区内设计开采井 10 眼，计算评价资源量。调查发现为方便布设供水管网有 4 眼开采井布置在布井区以外，需重新对其资源量做出评价。三是与水源地评价初期相比，由于城市规模扩张，地面硬化工程逐年增加，农业种植结构改变，节水技术推广等灌溉节水工程的实施，导致水源地补给条件发生改变。如石嘴山市工业园区水源地城镇化建设的快速发展，灵武市大泉水源地几十口浅水井灌溉温棚，银川市南郊水源地（二、五水厂）、银川市新市区北郊水源地（六水厂）、永宁县水源地（第二水源地）目前已进入城市建成区或规划区，需要重新进行水资源量评价。需要核实资源量的水源地见表 3-4 中。

表 3-4　地下水集中供水资源量再评价的水源地一览表

序号	水源地名称	可开采量/ ($10^4m^3 \cdot d^{-1}$)	使用状态	评价原因
1	石嘴山市红果子水源地(第四水源地)	1	现用	
2	大武口区第一水源地(北武当沟水源地)	4.75	现用	评价超期
3	陶乐高仁镇水源地	0.52	现用	
4	银川市东郊水源地(三水厂)	10	现用	
5	石嘴山市工业园区水源地(第三水源地)	8	现用	

续表

序号	水源地名称	可开采量/ $(10^4 m^3 \cdot d^{-1})$	使用状态	评价原因
6	银川市北郊水源地	13	现用	城镇化扩张
7	银川市南郊水源地	15	现用	
8	永宁县水源地	1.5	现用	
9	灵武市崇兴水源地	2	现用	布井方案与设计不符
10	灵武市大泉水源地	4.5	现用	温棚灌溉井增多,补给条件变化

第4章 银川市东郊水源地
调查示范与保护

  银川平原的城市供水水源地中除柳条沟水源地、红果子水源地、北武当水源地、大水沟水源地和镇北堡水源地以外，其他水源地都处在农业生产区。水源地及保护区内土地利用方式主要为基本农田、村镇、交通水利等基础设施以及畜禽渔业养殖企业等。水源地环境现状最突出的问题为农村农业面源污染和道路、排水沟穿越；水源地管理方面存在的主要问题为保护区整治不到位、水质监测水平较低、风险防控与应急能力建设不足。为了详细阐述水源地保护工程具体实施方案，本章选择基础资料相对丰富的东郊水源地作为典型示范，剖析水源地环境现状、保护区管理状况、保护区内风险源状况，在此基础上提出具体的水源地保护工程措施。

  石嘴山市大武口区二水源地开采目的层为第Ⅲ、第Ⅳ含水岩组，灵武大泉水源地开采目的层为第Ⅱ含水岩组和第三系含水岩组。石嘴山市红果子水源地、石嘴山市柳条沟水源地、石嘴山市惠农区罗家园子水源地、银川市西夏区镇北堡水源地、青铜峡市小坝（含小坝东区水源地）、青铜峡市青铜峡镇水源地、青铜峡市大坝水源地和吴忠市金积水源地总共8个水源地开采目的层为第Ⅰ含水岩组，占水源地总数的 32%。取水层位为第Ⅱ或第Ⅱ、第Ⅲ含水岩组的水源地占 60%。

　　从水文地质条件看，东郊水源地开采目的层第Ⅱ含水岩组与第Ⅰ、第Ⅲ含水岩组间水力联系密切，开采量主要来源于第Ⅰ含水岩组地下水的越流补给量。地面农业生产及人类日常工程活动不仅影响着浅层水的安全，实质上也关系到水源地取水目的层的水质安全问题。从水源地环境现状及保护区管理状况来看，银川东郊水源地突出问题是农村农业面源污染和道路排水沟穿越，同时还存在浅层地下水分散开采、养殖企业污染等诸多问题；管理方面，虽然划定了水源地保护区，但部分建设项目（或企业、学校等）建设在前，保护区划定在后，很难按照《集中式饮用水水源地规范化建设环境保护技术要求》（HJ 773—2015）实施水源地环境整治和管理，未能做到有效保护，管控能力薄弱。从以上方面分析，东郊水源地能够代表本次研究水源地中的大部分的水源地，其保护工程实施经验可以推广至银川平原城市地下水集中供水水源地的安全保护工作中。

4.1　水源地基本情况概述

　　银川市东郊水源地勘探于 1995 年，设计开采井 34 眼，布井区面积 15.67 km²，开采目的层为第Ⅱ含水岩组地下水，开采深度在 45 m 以下，180 m 以上。单井允许开采量为 3000 m³/d，水源地可开采资源量为 10×10^4 m³/d。银川市东郊水源地现属银川市中铁水务集团有限公司运营管理，当前服务人口 37.6 万人，实际供水量 8.55×10^4 m³/d（见表 4–1）。

表 4-1　东郊水源地基础信息汇总表

序号	项目	概况	序号	项目	概况
1	地理位置	银川市贺兰县金贵镇	8	取水深度	45 m 至 180 m
2	水源地类型	地下水水源地	9	埋藏条件	承压型
3	服务人口	37.6 万人	10	含水介质类型	细砂
4	设计取水量	10 万吨/天	11	设计降深	20.36 m
5	实际取水量	8.55 万吨/天	12	水位埋深	22.47 m
6	取水量保证率	100%	13	勘探年限	1995 年
7	设计开采井数	34 眼	14	已服务年限	22 年

4.2　水源地安全性评价

水源地安全性应从水量安全和水质安全两个方面做出评价。

4.2.1　水量安全评价

水量安全性评价从取水保证率和地下水水位动态变化两个方面进行。

从开采量看，东郊水源地设计开采量为 10 万 m³/d，2017 年实际供水量为 8.55 万 m³/d，取水量保证率 100%。现阶段东郊水源地供水水量有保障。

从地下水水位动态规律看，东郊水源地自建成运行以来，水位埋深呈逐年下降趋势（东郊水源地布井区及周边监测井分布情况见图 4-1）。水源地布井区内水位监测井自 1998 年至 2017 年水监测记录表明，近 20 年来，东郊水源地水位由 1108.83 m（埋深 1.01 m）下降至 1102.85 m（埋深 6.99 m），下降了 5.98 m，下降速率 0.299 m/年。但 2014 年以来，水源地监测井东观 1-1 水位动态趋于稳定。对照东郊水源地勘探报告，距离监测井东观 1-1 最近的 6#、7#、8#、17# 和 18# 开采井，其开采 20 年的设计水位埋深分别为 22.112 m、21.844 m、21.743 m、22.469 m 和 22.458 m，在现状开采条件下，东观 1-1 水位埋深还远未

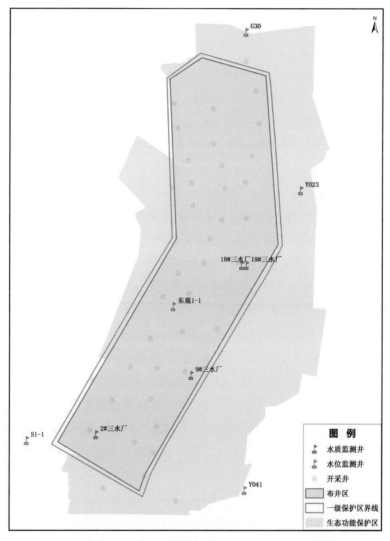

图 4-1 东郊水源地及周边地下水动态监测井分布示意图

达到以上限值。该对比结果从侧面说明了现阶段水源地开采量是安全的。

水源地布井区外围监测井 Y023、G30、Y041 和 S1-1 水位动态曲线显示，水源地外围水位也呈逐年下降趋势（见图 4-2、图 4-3、图 4-4、图 4-5、图 4-6），下降程度最大的监测井 Y023，自 1988 年至 2017 年，水位从 1105.98 m 下降至 1103.39 m，下降了 2.59 m。但自 2015 年开始 Y023 水位动态趋于平稳态势，表明水源地开采漏斗扩展速度减小，在当前开采条件下，开采漏斗范围趋于稳定。

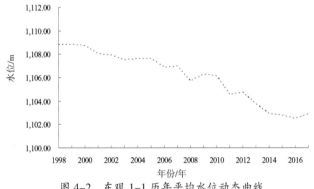

图 4-2　东观 1-1 历年平均水位动态曲线

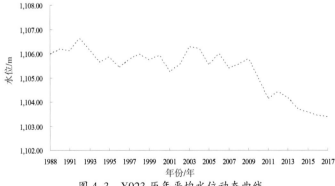

图 4-3　Y023 历年平均水位动态曲线

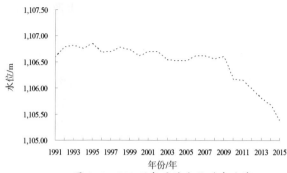

图 4-4　G30 历年平均水位动态曲线

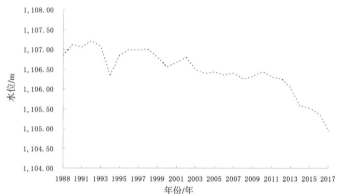

图 4-5　Y041 历年平均水位动态曲线

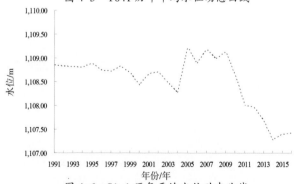

图 4-6　S1-1 历年平均水位动态曲线

4.2.2 水质安全评价

采用单指标评价法对东郊水源地地下水质量进行现状评价。采用水文地质比拟法对水源地水质安全进行简要评价。

1. 地下水质量现状评价

以东郊水源地（三水厂）2#、9#、18# 和 19# 监测井 2008 — 2017 年的水质检测数据为对象开展评价，评价指标 27 项，评价标准按照《地下水质量标准》（GB/T 14848—2017）Ⅲ类进行。评价结果显示（见表 4-2），2# 监测井超标项目为氨氮、总铁、锰离子；9# 监测井超标项目为氨氮、总铁、锰离子；18# 监测井超标项目为 PH（2008 年、2009 年）、总硬度（2012 年）、硫酸盐（2012 年）、氨氮、总铁；19# 监测井超标项目为氨氮、总铁、锰离子。

从以上结果看，2008 年以来东郊水源地氨氮普遍超标（铁、锰因自然背景值偏高，不计入本次评价），其他个别指标超标频次非常低。各监测井氨氮水样检测超标率达到 54.5%~72.7%，超标倍数 1.08~2.34。

表 4-2　东郊水源地水源水质量评价结果

监测点编号	成井深度	监测频率	监测内容	检测时间	超标项目	Ⅲ类标准值 /(mg·L⁻¹)	检测值 /(mg·L⁻¹)	超标倍数
2#	174.1 m	1 次/ 1 年	水质	2009 年 8 月	总铁	≤0.3	0.5	1.67
				2010 年 7 月	氨氮	≤0.50	0.93	1.86
				2012 年 7 月	氨氮	≤0.50	1.01	2.02
				2013 年 7 月	氨氮	≤0.50	0.93	1.86
					总铁	≤0.3	0.36	1.20
				2014 年 7 月	氨氮	≤0.50	0.78	1.56
					总铁	≤0.3	0.5	1.67
				2015 年 9 月	氨氮	≤0.50	0.78	1.56
					总铁	≤0.3	0.45	1.50
					锰离子	≤0.10	0.22	2.20
					铅离子	≤0.01	0.035	3.50

续表

监测点编号	成井深度	监测频率	监测内容	检测时间	超标项目	Ⅲ类标准值/(mg·L⁻¹)	检测值/(mg·L⁻¹)	超标倍数
2#	174.1 m	1 次/1 年	水质	2016 年 8 月	总铁	≤0.3	0.51	1.70
					锰离子	≤0.10	0.209	2.09
					铅离子	≤0.01	0.02	2.00
					氨氮	≤0.50	0.85	1.70
				2017 年 7 月	总铁	≤0.3	0.39	1.30
					锰离子	≤0.10	0.186	1.86
					氨氮	≤0.50	0.78	1.56
				2017 年 11 月	总铁	≤0.3	0.39	1.30
					锰离子	≤0.10	0.154	1.54
9#	157.3 m	1 次/1 年	水质	2009 年 8 月	总铁	≤0.3	0.3	1.00
				2010 年 7 月	氨氮	≤0.50	0.78	1.56
				2012 年 7 月	氨氮	≤0.50	1.09	2.18
					总铁	≤0.3	0.36	1.20
				2013 年 7 月	氨氮	≤0.50	0.85	1.70
					碘离子	≤0.08	2	25.00
				2014 年 7 月	氨氮	≤0.50	1.17	2.34
					氨氮	≤0.50	1.09	2.18
				2015 年 9 月	总铁	≤0.3	0.45	1.50
					锰离子	≤0.10	0.207	2.07
					氨氮	≤0.50	1.09	2.18
				2016 年 8 月	总铁	≤0.3	0.44	1.47
					锰离子	≤0.10	0.201	2.01
					氨氮	≤0.50	1.01	2.02
				2017 年 7 月	总铁	≤0.3	0.46	1.53
					锰离子	≤0.10	0.189	1.89
					氨氮	≤0.50	1.01	2.02
				2017 年 11 月	总铁	≤0.3	0.43	1.43
					锰离子	≤0.10	0.171	1.71
				2008 年 6 月	PH	6.5≤PH≤8.5	8.51	1.00

续表

监测点编号	成井深度	监测频率	监测内容	检测时间	超标项目	Ⅲ类标准值 /(mg·L⁻¹)	检测值 /(mg·L⁻¹)	超标倍数
18#	249 m	1次/1年	水质	2009年8月	PH	6.5≤PH≤8.5	8.53	1.00
				2010年7月	氨氮	≤0.50	0.54	1.08
				2012年7月	总硬度	≤450	605.2	1.34
					硫酸盐	≤250	271.5	1.09
					氨氮	≤0.50	0.93	1.86
					总铁	≤0.3	0.6	2.00
				2013年7月	氨氮	≤0.50	0.54	1.08
				2014年7月	氨氮	≤0.50	0.54	1.08
				2015年9月	氨氮	≤0.50	0.54	1.08
				2016年8月	氨氮	≤0.50	0.54	1.08
				2017年7月	氨氮	≤0.50	0.54	1.08
19#	164.5 m	1次/1年	水质	2012年7月	氨氮	≤0.50	0.54	1.08
					总铁	≤0.3	0.32	1.07
				2013年7月	氨氮	≤0.50	0.7	1.40
				2014年7月	氨氮	≤0.50	0.62	1.24
					总铁	≤0.3	0.32	1.07
					氨氮	≤0.50	0.7	1.40
				2015年9月	总铁	≤0.3	0.57	1.90
					锰离子	≤0.10	0.163	1.63
					氨氮	≤0.50	0.78	1.56
				2016年8月	总铁	≤0.3	0.75	2.50
					锰离子	≤0.10	0.174	1.74
					氨氮	≤0.50	0.62	1.24
				2017年7月	总铁	≤0.3	0.49	1.63
					锰离子	≤0.10	0.174	1.74
				2017年11月	总铁	≤0.3	0.39	1.30
					锰离子	≤0.10	0.118	1.18

2. 水源地水质安全评价

东郊水源地勘探阶段，对水源地内第Ⅱ、第Ⅲ含水岩组地下水进行了评价。评价结果显示东郊水源地地下水基本符合《生活饮用水卫生标准》（GB5749—85），但水源地外围地下水总硬度、铁、锰略超标（见表4-3）。

表4-3　东郊水源地外围勘探孔水质超标项目统计结果

单位：$mg \cdot L^{-1}$

超标项目	水质标准	DS1	DS3	DS4	DS16	DS19	DS20	DS22
总硬度(以 $CaCO_3$ 计)	450			505.4		483.89		
铁	0.3		0.5	0.6	0.4	0.48	0.4	
锰	0.1	0.15				0.212		0.12

对比2008年以来东郊水源地水质情况，各监测井中铁、锰超标频次普遍较高，总硬度、硫酸盐、铅离子、碘离子在个别年份也出现了超标的现象，说明水源地开采引起外围补给混合后水质变差。值得重视的是，各监测井氨氮普遍超标。由于东郊水源地开采目的层与第Ⅰ含水岩组水力联系密切，接受第Ⅰ含水岩组的越流补给。因此，氨氮超标反映了地面农村、农业面源污染已经对水源地水体质量造成了影响。总体表明，东郊水源地水质出现了恶化的趋势，但是铁、锰、总硬度和氨氮都可以通过水厂相应工艺处理达标，因此，现阶段供水水质安全是有保障的。

本节从水量和水质两个方面对东郊水源地进行了安全性评价，结果认为现阶段水源地供水安全是有保障的。但东郊水源地自1995年勘探以来至今已经运行了22年，受地面农业种植结构变化、渠系改造、机井和民井开采等因素影响，水源地补给条件发生了一定程度的改变，另一方面，农业面源污染对水源地水质的影响也逐步显现。因此，需要尽快对水源地重新开展全面系统的评价，以确保水源地供水安全。

4.3 水源地环境现状

东郊水源地位于银川市兴庆区掌政镇和贺兰县金贵镇境内。水源地及保护区内土地利用方式主要为基本农田、村镇、交通水利等基础设施以及养殖企业等小生产企业，环境状况受人类活动影响显著。水源地保护区内突显的环境问题主要有农村面源污染、道路排水沟穿越、其他污染企业或风险源。

4.3.1 农村面源污染问题逐步突显

2010年《第一次全国污染源普查公报》显示，农村面源污染已经成为中国最大的污染源。农村面源污染负荷主要来自于化肥、农药不合理施用和利用率低，畜禽（渔）养殖业污染，居民生活垃圾散乱堆放和生活污水排放，农膜、秸秆产生的有害废弃物。其中比较突出的是农药、化肥不合理施用和畜禽养殖业污染问题。

研究表明，未被作物吸收利用的大部分化肥养分和农药残留通过挥发、地表径流及淋溶等方式进入大气和水体，必然对当地环境尤其是水环境造成严重的负面影响和污染。而大量施用氮肥的地区会出现严重的土壤酸化、水质污染和地下水硝酸盐污染问题。东郊水源地自古以来就是重要的农耕区，农业活动频繁，人口密集。发展至今，农业种植结构以小麦、水稻、玉米和温棚蔬菜为主，化肥、农药在农田养分投入和农产品增产保丰收上发挥着至关重要的作用。保护区内施用化肥品种主要为氮肥、磷肥、钾肥、尿素、复合肥，农药主要为杀虫剂、除草剂等。

从水源地水质监测井监测结果看，自2008年以来水源地氨氮出现普遍超标现象，表明水源地地下水已经受到长期的农业生产活动的影响，尤其受传统农业生产中不合理使用化肥农药的影响。为此，本次工作进一步对6组机井、民井水样进行水质分析，结果表明浅层地下水中除铁、锰外，硫酸盐、硝酸盐、总硬度和溶解性总固体超标（见表4-4）。证实了农业面源污染已经影响到浅层水质。那么在开采条件下，受强水动力驱使，有害物质或污染物迁移会加剧开采目的层水质污染。

表4-4 东郊水源地机井、民井水质超标项目统计结果

单位：mg·L^{-1}

超标项目	标准值	DJ001	DJ004	DJ006	DJ007	G01	G02
铁	≤0.3		0.47	0.77			0.55
锰	≤0.1		0.471	0.349		0.858	0.235
硫酸盐	≤250			250.9		523.7	
硝酸盐	≤20	53.39		28.62		175	
溶解性总固体	≤1000	1013		1027		1674	
总硬度	≤450	774.3	615	582.5	581	978.7	551.1

畜禽养殖产生的粪尿排泄物中氮、磷污染物浓度较高，大量且集中的粪尿与养殖废水在养殖场内堆积容易形成高强度的非点源污染负荷，造成地下水体直接或间接污染。鉴于此，国外早已将畜禽养殖业列为"畜产公害"。东郊水源地一级保护区内规模化养殖企业较少，调查阶段一级保护区内仅有4家养牛企业（见图4-7）。其中宁夏龙海牧业养殖有限公司和掌政镇五渡桥村养牛场已于2017年12月搬迁，场地空置（见图4-8）。其他两家养牛企业分别为金贵镇银河村奶牛场（见图4-9）和贺兰县银盛养殖专业合作社，截止2018年3月，这两家养牛企业养殖规模分别为奶牛500头和肉牛91头。养牛场内排泄物均为露天堆积，粪污采用还田利用的方式处理。东郊水源地一级保护区内没有禽类养殖企业，小牲畜为农户分散养殖，不成规模，无法统计。

东郊水源地保护区内目前有金贵镇金贵村、汉佐村、保南村、联星村、银河村和掌政镇茂盛村、镇河村等7个行政村，居民人口11640人。居民生活用水均为自来水，仅有金贵村和联星村的生活污

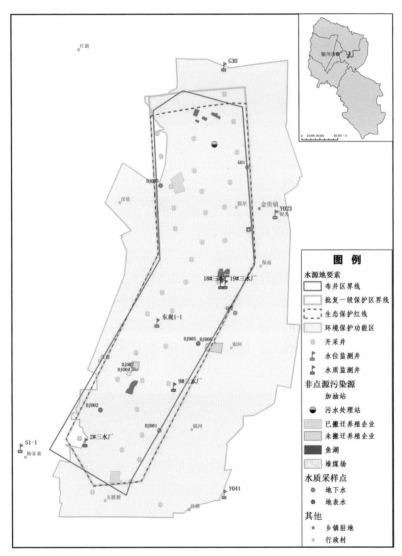

图 4-7　东郊水源地（三水厂）环境现状图

图4-8 宁夏龙海牧业养殖有限　　图4-9 金贵镇银河村奶牛场
　　　公司（已搬迁）

水经污水管网统一收集输送到污水处理站处理。因为排污设施不健全，居民生活污水基本是向屋外空地、田间倾倒或者向农田退水沟排放。各村均设有生活垃圾集中堆放点或垃圾转运站（保南村每户都设有垃圾回收箱和泔水桶），但垃圾堆放点一般都未做防渗措施，且部分垃圾集中点沿沟渠边设置，常有生活垃圾沿路边或者沟渠随意倾倒或垃圾滑落进沟的现象，影响水源地环境卫生。此外掌政镇茂盛村和金贵镇金贵村闲置的农田中存在垃圾乱倒的现象，汉延渠两岸零星存在农膜秸秆堆放的现象（见图4-10、图4-11、图4-12、图4-13、图4-14、图4-15、图4-16、图4-17）。

图4-10 银东干沟上的企业　　图4-11 居民生活污水散
　　　　排污口　　　　　　　　　排入渠

图 4-12　沿银东干沟设置的生活垃圾堆放点及银东干沟水体环境

图 4-13　沿第二排水沟设置的生活垃圾堆放点

图 4-14　引水渠内倾倒的生活垃圾

图 4-15　农田中的固体废物堆放场（茂盛村）

图 4-16　农田中的固体废物堆放场（茂盛村）

图 4-17　农田中的食用菌菌袋及菌渣（金贵村）

4.3.2　道路、排水沟穿越构成水源地潜在安全隐患

东郊水源地一级保护区内存在较严重的道路和排水沟穿越问题。

除纵横交错的乡道，较重要的道路有北京路延伸段和省道S102、县道X101、金茂路、茂掌路、金京公路、银王公路（见图4-7）。以上公路交通流量普遍较大，车辆来往川流不息，其中不乏危险化学品、油气、煤炭、矿砂或水泥等运输车辆，是保护区内流动风险源和水源地潜在的安全隐患。

东郊水源地自北向南有三条排水干沟呈东西向穿越一级保护区（见图4-7），分别为第二排水沟（一级保护区内长2.425 km）、四清沟（一级保护区内长1.502 km）和银东干沟（一级保护区内长2.097 km）。以上排水沟主要功能为接纳农田退水，但长期以来也是当地居民生活污水排放渠道，另外保护区内部分小企业生产污水也向各排水沟排放，如乐逗豆芽菜厂生产尾水等，造成沟水污染（见表4-5）。项目调查阶段，第二排水沟因为纳入贺兰县河长制管理机制，水体清洁，岸坡整洁，已基本实现"河畅、水清、岸绿、景美"。银东干沟虽然也已纳入河长制管理范畴，但治理尚未见成效，水体呈黑绿色，散发恶臭，夏季尤为严重。水源地4#和5#开采井距离银东干沟不到30 m，银东干沟恶臭水体对水源地开采井的安全构成了严重威胁，安全隐患不容小视（见图4-18、图4-19、图4-20、图4-21）。

表4-5　东郊水源地排水沟水质超标项目统计结果

单位:mg·L^{-1}

超标项目	标准值	银东干沟DJ002	第二排水沟DJ003	四清沟DJ005
氯化物	≤250		322.1	
硫酸盐	≤250		297.4	
硝酸盐	≤10		85.04	
CODMn	≤20	29.6	23.2	25.2

图 4-18 第二排水沟

图 4-19 第二排水沟支沟

图 4-20 银东干沟

图 4-21 四清沟

4.3.3 其他污染企业与风险源的存在威胁水质安全

东郊水源地一级保护区涉及的其他污染企业和风险源主要有宁夏亿通实业有限公司（堆煤场）、加油站、污水处理站和金贵镇集贸市场等（见表 4-6、图 4-7）。

宁夏亿通实业有限公司（堆煤场）位于金贵镇银河村，占地面积 22 亩，存煤 2 万吨。日常浇煤洗尘产生的废水威胁浅层地下水水质安全（见图 4-22）。

金贵镇加油站（见图 4-23）位于金京公路与县道 X101 交叉口，站内地下埋设油罐 3 个，罐体容积 33 m^3，地下有防渗措施。

表 4-6 非点源污染源及其他建设项目（企业）统计表

序号	污染源名称	位置	规模	面积	备注
1	农田	一级保护区		17610 亩	
2	宁夏龙海牧业养殖有限公司	金贵镇联星村		124.11 亩	已搬迁
3	金贵镇银河村奶牛场	金贵镇银河村	500 头	93.17 亩	
4	贺兰县银盛养殖专业合作社	掌政镇茂盛村	91 头	34.79 亩	
5	掌政五渡桥村养牛场	掌政镇五渡桥村		77.19 亩	已搬迁
6	第二排水沟	金贵镇金贵村、汉佐村	2.425km		
7	四清沟	金贵镇银河村	1.502km		
8	银东干沟	掌政镇镇河村	2.097km		
9	鱼湖	金贵镇金贵村		52.86 亩	未经营
10	鱼湖	金贵镇保南村		64.91 亩	未经营
11	鱼湖	金贵镇银河村		52.57 亩	生活垃圾和建筑垃圾等固体废弃物堆埋场
12	宁夏亿通实业有限公司（堆煤场）	掌政镇茂盛村	2 万吨	16.61 亩	无防渗
13	加油站	金贵镇	3×33m³	9.96 亩	
14	污水处理站	金贵镇金贵村	20m³/d	23.22 亩	
15	乐逗豆芽菜厂	金贵镇银河村		14.25 亩	
16	贺兰县金贵镇振鑫珍惜食用菌专业合作社	金贵镇金贵村		3.25 亩	
17	金贵镇集贸市场	金贵镇		27.75 亩	
18	墓地	汉延渠边		96.29 亩	祭扫污染
19	砖厂	金贵镇联星村		86.45 亩	停产
20	仓库			154.04 亩	
21	施工设备临时堆场			56.67 亩	
22	农机厂			11.54 亩	

图 4-22 浇煤洗尘威胁地下水
安全

图 4-23 金贵镇加油站

4.3.4 水源地环境管理现状

2008 年，宁夏回族自治区人民政府划定了东郊水源地一级保护区和准保护区：以布井区井群外包线为边界，向外 100 m 范围确定为一级保护区，面积 16.69 km²；以一级保护区边界向外 50 m 范围确定为准保护区范围。然后，环保部门和自来水公司等对水源地一级保护区边界及穿越保护区的主要道路设置了标志牌、警示牌、界碑、界桩等工程保护措施。银川市中铁水务集团有限公司对水源地各开采井机电设备每日进行巡查（见图 4-24、图 4-25、表 4-7）。

水源地保护区划定以后，按照《银川市饮用水水源地保护区污染

图 4-24 东郊水源地一级保护区界
碑及界桩

图 4-25 东郊水源地一级保护区
交通警示牌

防治管理办法》、《宁夏城市饮用水水源地安全保障规划》（2006）等相关管理条例和办法，水务部门、环保部门、规划部门和自来水公司等相关部门实施了水源地的保护措施。例如，水务部门开展了河道、湖泊等水体水质保护管理和水土保持工作；环保部门对饮用水水源保护区内的排污企业严格监督管理，并定期进行饮用水水质监测。

表 4-7　东郊水源地保护区建设与管理措施状况调查表

水源地名称	水源地类型	保护区建设完成情况(是/否)			管理措施落实情况(是/否)					
		保护区划分	标志设置	一级保护区隔离	水源编码规范性	水源档案	定期巡查	定期评估	水源地信息化管理平台	信息公开
东郊水源地	地下水	是	是	否	否	是	否	是	否	否

尽管采取了以上保护措施，但是依然存在监管不到位等原因，水源地环境管理存在以下几个方面的问题。

一是水源地规范化建设和保护区整治尚不到位。首先，宁夏尚未按照《集中式饮用水水源编码规范》（HJ 747—2015）实现全区饮用水水源地规范化编码，水源档案建设不完整。其次，东郊水源地因为处在农业生产区，保护区内居住人口密集，交通网络发达，且大部分基础设施和建设项目在水源地保护区划定前就存在，因此，水源地一级保护区隔离防护措施无法实施，达不到水源地规范化建设要求；另一方面，在水源地环境整治的同时又新建了与供水设施和保护水源无关的建设项目，如金贵村新建的污水处理站，北京东路延伸段穿越等。

二是风险管理和应急能力基础薄弱。东郊水源地一级保护区内存在多处道路、排水沟穿越，主要有北京东路延伸段和省道 S102，其他还有县道和乡镇道路等。排水沟有第二排水沟、四清沟和银东干沟。但现状是保护区内没有建立风险源名录及风险防控方案，也没有建立危险化学品运输管理制度，缺乏视频监控。东郊水源地属银川中铁水务集团有限公司管理，据了解，应急能力建设方面目前针对其所管辖的水源地制订了总体应急方案，尚未做到"一源一案"的专项应急预案要求。

三是水源地保护区内普遍存在分散开采现象。东郊水源地一级保护区内农业种植结构为北部以小麦、水稻、玉米为主，南部则以温棚蔬菜为主。农田灌溉方式以引黄灌溉为主，但每年春灌开始之前，各大干渠尚未开闸引黄时，则补充以机井、民井灌溉。调查发现，每个温棚至少配有一眼民井，深度在 12 m 左右。因为用水高峰期时，水位下降较大，水量不足，不能满足灌溉需求，因此，部分温棚都进行了二次打井，深度在 15 m 左右，以备水量不足时使用，甚至有一部分温棚中备有 3~4 眼民井。据统计，东郊水源地一级保护区内机井 76 眼、民井 3500 眼，机井深度在 40~120 m 不等，民井深度 10~30 m（见图 4-26）。

图 4-26　机井开采（2018 年 3 月 28 日）

四是水源地水质监测能力不足。尽管水源地监测部门水质监测能力在逐年提高，但是由于基础薄弱，目前水质监测能力普遍较低。尤其水质监测自动化水平低，不能实现水源水质自动监测和远程监测，是影响水源地预警体系建设和风险防控的最大障碍。

五是水源地管理机制不协调。目前，水源地管理和保护涉及水利、环保、国土、卫生、自来水公司等多个部门，职责交叉、责任不清，协调和联动机制不健全。具体表现在水源地工程建设管理与水环境治理分离，水量调度与水质管理分离，部分水源地不同部门重复设置监测站点，各监管部门执行规范不统一，数据不一致，监测结果不能共享，难以充分发挥为水源地监督管理提供数据支撑的作用。部门间缺乏科学协调的水源保护机制，重点工程协调难，不能如期开展，而一些工程重复建设却时有发生。

4.4　水源地保护工程及措施

水源地安全保护的目标是水量、水质安全。建设规范化的饮用水水源地，是饮用水水源保护的根本目标，也是确保水源水质水量安全的重要措施。2015 年 12 月，环境保护部印发了《集中式饮用水水源地规范化建设环境保护技术要求》（HJ 773—2015），提出了集中式饮用水水源地规范化建设涉及的水量水质、保护区建设、保护区整治、监控能力建设、风险防控与应急能力建设和管理措施六个方面的具体要求。

本节将对照《集中式饮用水水源地规范化建设环境保护技术要求》（HJ 773—2015），以东郊水源地环境现状和管理现状调查结果为基础，识别东郊水源地环境管理现状与规范化建设要求之间的差距，明确水源保护和管理亟待解决的突出问题，针对问题提出具体的保护措施和对策建议。

东郊水源地位于贺兰县金贵镇和兴庆区掌政镇境内，水源地勘探前属于农业生产区，人口密集，农业生产和人类日常工程活动频繁。水源地建成后，于 2008 年划定了水源地一级保护区和准保护区。划入保护区内与供水设施和保护水源地无关的建设项目、畜禽渔业养殖企业等，在水源地保护区规范化建设和环境综合整治过程中，得到部分整改。目前最突出的问题是农业面源污染，道路、排水沟穿越和少数排污企业威胁水源地安全。针对以上环境现状和保护区环境管理问题，具体提出了警示标志工程、隔离防护工程、搬迁关停工程、环境整治和修复工程、环境监测巡查工程、绿色城镇化工程等一般性安全保护措施（见表4-8），建立了东郊水源地风险源管理名录（见表4-9），针对农业面源污染问题，建议将东郊水源地作为试点，构建适应宁夏当地社会经济发展的水源地有机农业生态补偿机制。

水源地生态补偿机制是一种水源地生态保护的经济手段，是加强水源地生态保护、协调水源地环境与经济可持续发展的重要手段。就水源地水质保护而言，减少和限制或者改变化肥、农药、除草剂、杀虫剂等农业化学品投入是关键，而发展有机农业是控制东郊水源地农业面源污染的最佳途径。构建科学合理的有机农业生态补偿机制，对有机农业生态友好型农业进行生态补偿，是促进常规农业生产方式向有机农业生产方式转变，促进水源地有机农业发展的重要激励手段。

国外水源地生态补偿起步早、发展成熟；国内水源地生态补偿研究和应用起步相对较晚，始于 20 世纪 90 年代。随着水源地生态环境的恶化和居民生态保护意识的增强，近年来，水源地生态补偿机制由研究层面越来越多地被应用到实践中。例如，北京市与河北省境内水源地之间的水资源保护协作、广东省对境内东江等流域上游的生态补偿、浙江省对境内新安江流域的生态补偿、浙江东阳—义务水权交易、

表 4-8　东郊水源地安全保护工程汇总表

序号	保护工程	实施对象	工程任务	规模
1	警示标志工程	道路、一级保护区边界等	在原一级保护区标志设置的基础上新增:界标 8 块;道路警示牌 6 对;信息宣传牌 5 块	
2	隔离防护工程		东郊水源地一级保护区内为基本农田和村镇,人类活动频繁,暂时无法实施隔离防护措施,建议加强视频监控和利用高分辨率遥感技术进行常态化动态监测	
3	关停、取缔或搬(拆)迁工程	贺兰县银盛养殖专业合作社;金贵镇银河村奶牛场	由政府主导,相关部门协调,限期迁址	158.91 亩
4		加油站	由政府主导,相关部门协调,限期迁址	9.96 亩
5		污水处理站	迁出水源地保护区,在水源地漏斗范围之外选址重建	23.22 亩
6		生活排污口	全部取缔,尽快实施绿色城镇化工程	
7		乐逗豆芽菜厂	由政府主导,相关部门协调,限期关停或迁址	14.25 亩
8		贺兰县金贵镇振鑫珍惜食用菌专业合作社	由政府主导,相关部门协调,限期迁址	3.25 亩
9		农机厂	由政府主导,相关部门协调,限期迁址	11.54 亩
10		机井、民井分散开采	在确保农业生产用水不受影响的前提下逐步关停,统一管理	机井 76 眼,民井 3500 眼
11	环境整治和修复工程	第二排水沟、四清沟、银东干沟	严格落实河长制,强化考核问责,加强执法监管。坚决清理整治非法排污,加大排水沟黑臭水体治理和水环境生态修复力度	24.26km;4.311km;15.71km
12		汉延渠两岸	垃圾清运,实现渠道两岸环境清洁,开展定期巡查、整治环境安全隐患	

续表

序号	保护工程	实施对象	工程任务	规模
13		宁夏龙海牧业养殖有限公司;金贵镇银河村奶牛场;贺兰县银盛养殖专业合作社;掌政镇五渡桥村养牛场	拆除养殖场内牛棚等附着建筑,清理场内表层排泄物堆积;养殖场地规划为生态林草地或生态农业产区,维持水源地补给条件不改变	329.26 亩
14		鱼湖	垃圾清运、清淤整治,逐步实施退渔还湖还湿	170.34 亩
15		宁夏亿通实业有限公司(堆煤场)	拆除堆煤场内房屋建筑;铲除场内已污染的表层土,阻断有害物质淋失下渗污染地下水	16.61 亩
16		施工设备临时堆场	联系相关主管部门尽快做好设备转场工作;场地规划为生态林草地或生态农业产区,维持水源地补给条件不改变	56.67 亩
17		墓地	规范管理、文明祭扫	96.29 亩
18		砖厂	场地清理整治,规划为生态林草地或生态农业产区,维持水源地补给条件不改变	86.5 亩
19	环境监测、巡查工程	排水沟	每年 1 次,检测排水沟水体质量是否达到地表水Ⅲ类标准	
20		浅层水	整合区域现有监控网资源,专门设浅层水监测点,水位实时在线监测,水质监测指标为地下水质量 39 项常规指标,监测频率不少于每年两次(丰水期和枯水期各一次)	
21		北京东路延伸段、省道 S102、县道 X101、金京公路、银王公路等	协调交通、公安等相关部门,建立危险化学品运输管理制度;加强视频监控,利用高分辨率遥感技术开展常态化动态监测	

序号	保护工程	实施对象	工程任务	规模
22		东郊水源地及保护区	利用高分辨率遥感技术对水源地环境开展常态化动态监测,并建立定期进行巡查制度,发现隐患迅速整治	
23	绿色城镇化工程	居民生活垃圾和生活污水散排;人畜粪便污染等	完善村镇环卫收集系统,每户设垃圾分类回收箱和泔水桶,生活垃圾集中收集,统一处理;人畜粪便还田利用;推进城镇污水管网向近郊农村延伸	
24	农业面源污染防治与有机农业推广工程	传统农业和蔬果等设施农业	测土配方、科学施肥;普及缓控施肥技术、节水灌溉技术和水肥耦合技术,减少化肥(农药)淋失量,提高化肥利用率;增施有机肥,提高土壤有机质含量;淘汰高残留化学农药,使用生物农药,逐步推广物理和生物等病虫害绿色防控技术;构建水源地保护区生态补偿机制,促进水源地有机农业发展	

表 4-9　东郊水源地风险源管理名录

序号	风险源名称	位置	规模	存在的风险	备注
1	农田、农村居民生产生活排污			农业、农村面源污染威胁水源地水质安全	
2	道路:北京东路延伸段、省道S102、县道X101、金茂公路、金京公路、银王公路、掌茂路			运输危险化学品、危险废物、石化、化工产品及其他影响饮用水水源安全物质的车辆等流动源,一旦发生泄漏等突发事故,严重威胁水源地安全	
3	排水沟:第二排水沟、四清沟、银东干沟			城乡居民生活污水排放入沟,污水入渗,污染水源地浅层水	
4	贺兰县银盛养殖专业合作社	掌政镇茂盛村	91 头	牲畜排泄物露天堆积,在雨水淋失及人工冲洗作用下,污水下渗进入水源地浅层水体	

续表

序号	风险源名称	位置	规模	存在的风险	备注
5	金贵镇银河村奶牛场	金贵镇银河村	500 头		
6	鱼湖	金贵镇金贵村	52.86 亩	渔业养殖造成水体富营养化,在垂向补给的过程中可能污染水源	未经营
7		金贵镇保南村	64.91 亩		未经营
8		金贵镇银河村	52.57 亩	基本成为生活垃圾和建筑垃圾填埋场,可能存在有毒有害或者易溶物质威胁水源地安全风险	
9	污水处理站	金贵镇金贵村	20 m³/d	管道泄漏等潜在风险,威胁水源地安全	
10	加油站	金贵镇	3×33 m³	地下油罐及管道泄漏风险	
11	宁夏亿通实业有限公司(堆煤场)	掌政镇茂盛村	16.61 亩	日常浇煤防尘作业,威胁水源地浅层水质安全	
12	乐逗豆芽菜厂	金贵镇银河村	14.25 亩	生产尾水排放,影响水源地环境卫生	
13	贺兰县金贵镇振鑫珍惜食用菌专业合作社	金贵镇金贵村	3.25 亩	废弃食用菌袋残渣可能导致土壤污染	
14	金贵镇集贸市场	金贵镇	27.75 亩	人类活动产生的生活垃圾和废弃物等	
15	墓地	汉延渠两岸	96.29 亩	祭扫污染	
16	仓库		154.04 亩	其他不确定风险	
17	施工设备临时堆场		56.67 亩	车辆和柴油设备等可能造成水源地水土污染	
18	农机厂		11.54 亩	与供水设施和保护水质无关的建设项目	
19	砖厂		86.45 亩	与供水设施和保护水质无关的建设项目	已停产

福建九龙江流域生态补偿、贵阳市"两湖一库"生态补偿机制等。

对比国内外水源地补偿机制，国外的水源地补偿机制侧重资金的市场化配置，按补偿标准制定的市场化程度较高，补偿主体类型较多，资金来源较为广泛，有政府的资金支持，私有水电公司的补偿，园艺协会、灌溉协会的资金支持等。补偿客体有森林土地的私人拥有者、农民、伐木公司等，这些均能让做出贡献的水源地居民得到切实的利益补偿。国内水源地的补偿途径主要通过财政转移支付，补偿方式单一，市场化程度较低。补偿主体主要是水源地下游或者上级政府，资金来源单一，进而导致补偿标准偏低。补偿客体均是当地政府，并由当地政府统筹，主要进行污染治理、植树造林等项目投资。同时，国内的水源地生态补偿机制缺乏相关机构的监督监管。

针对国内生态补偿机制中资金来源单一、补偿标准偏低，缺乏对补偿资金的监管和评估等问题，宁夏应该统筹借鉴国内外水源地生态补偿机制实施经验，确定生态补偿范围、补偿标准，建立多样化的生态补偿方式，例如政策补偿、制度补偿、实物补偿、产业补偿、资金补偿、技术补偿等。建立水环境整治与保护专项资金，因地制宜，尽快构建符合银川平原经济社会发展的生态补偿机制，实现水源地生态保护与经济社会发展双赢。

要切实保护水源安全，应该尽快转变观念，实施水源地生态补偿，将"生态有价"理念真正落地。优质水源属于稀缺资源，可以通过市场进行优化配置，从而凸显优质水源的价值。美国和德国等在水源地生态补偿方面开展的成功经验表明，水源地保护必须既考虑水资源的公共产品属性和政府在提供安全水源方面的公益职能，又必须对水资源的经济属性和经济价值给予充分的重视。

生态补偿机制，是实现水资源经济属性的重要手段，也是实现水

源地长效保护的经济手段。应该尽快建立完善的、适合宁夏回族自治区经济社会发展的水源地生态补偿机制，积极尝试引入市场机制，建立动态式的水价制度，优化配置水资源，保障售水收入稳定，建立水资源费返还机制，将受水区收取的资源费，按照一定比例对供水区进行返还，形成水源地建设与安全保护的固定资金来源。真正实现水资源有偿供需，最终实现水源地生态保护与经济社会发展双赢。

第5章 水源地安全与保护工程实施保障、对策与建议

5.1 保障措施

5.1.1 政府主导、组织保障

由宁夏回族自治区人民政府成立城市供水水源地安全保护工程工作领导小组，负责统一筹划和领导"银川平原城市供水水源地安全保护工程"实施，做好保护工程的整体安排与责任分工，并协调解决工程实施过程中出现的重大问题。成立由宁夏回族自治区环保厅、水务局、住建厅、农业厅等部门，以及水源地所属地市级有关负责人联合组成的领导小组办公室，具体负责水源地保护工程实施过程中的日常协调联系工作，落实工程计划，推进项目实施，加强指导、评估和监督检查，做好水源地保护成果总结、宣传与推广，就有关问题提出意见和建议等。

5.1.2 统一部署、共同实施

由宁夏回族自治区人民政府按照"统筹部署、协调出资、部门联合、事权划分、优势互补、分工协作"的原则，开展银川平原城市供水水源地安全保护工程。宁夏回族自治区发展和改革委员会按照水源地保护需要，首先由各水源地所属地市级人民政府会同有关部门依法

划定各水源地保护区，报宁夏回族自治区人民政府批准设立。根据批准的保护区范围，分保护区划定、基础设施建设、搬迁整治工程、监督管理工程等部分，协调环保、水务、住建、农业、林业、卫生等部门，明确并落实各方承担的具体任务与要求，推动城市供水水源地安全保护工程的开展与落实，实现各部门的统筹部署、共同实施。各部门职责如下：

水行政主管部门应当依据保护区划分方案和饮用水水资源供求规划，制定水量分配方案和水量调度计划；同时要建立水源地监测系统，长期监测水源地水位、水质等信息，对各水源地实行统一化管理。

环境保护行政主管部门应当对水源地保护区的环境质量状况进行定期监测，依据饮用水水源保护目标，制定水源地保护区防治污染方案并监督实施。

土地行政主管部门负责土地资源的统一管理，优先安排饮用水源保护工程用地和异地安置及发展用地。

林业行政主管部门应当加强水源地保护区水源涵养林的保护和管理。林业行政主管部门和保护区内的乡、镇人民政府应当加强水源地保护区内森林防火和森林病虫害防治工作。核心保护区内实行退耕还林，并按照有关规定给予补偿。

卫生行政主管部门应当制订水源地保护区突发公共卫生事件应急预案，并对饮用水水源的卫生状况进行定期监测。

农业行政主管部门应当加强对水源地保护区内农药、化肥等农用化学物资的监管，防止农药、化肥污染饮用水水源。应对农业非点源污染的成因、种类、危害和预防方法以及国家《农药安全规定》等内容向保护区内群众宣传，提高群众环保意识、责任感和加快农业结构调整的紧迫感。加大无污染农业技术的推广力度，举办无污染农业技术培训班，推广无公害农产品技术、秸秆综合利用技术，科学施肥，控制农药、化肥使用量，并加大农业执法力度，重点对国家规定的高毒、高残留农药、生长调节剂、激素类药物进行市场执法检查，减少对饮用水水源产生影响。

乡、镇人民政府应当对水源地保护区内居民的生活垃圾实行无害化处理或集中整治，做好水源地保护区内居民搬迁等前期调研与协调工作。

农业、药品监督、安全生产监督管理部门按照各自职责负责剧毒、危险化学品道路运输、使用、储存的安全管理。

经济、财政、工商、旅游等行政主管部门，应当按照各自职责，根据饮用水水源保护的要求，调整产业结构和项目规划布局，安排饮用水水源保护资金和落实各项政策。

城市供水水源地安全保护工程是一项系统工程，需要各有关部门协调一致，共同努力，保证整个监督管理体系高效运行，确保饮用水水源保护工作有计划、有步骤、有措施地达到预期的目标。

5.1.3 强化监管、严控质量

在水源地安全保护工程建设方面，健全"领导小组控制，政府部门监督，实施单位负责，承担单位保证"的质量保证体系。领导小组负领导责任，确保各项工程管理工作符合规范化、程序化、科学化目标；宁夏回族自治区人民政府加大对水源地安全保护工程中各项工作质量监督检查力度，通过检查督促各项工作的承担部门使其重视工作质量与工作效率，并解决各项工作中存在的重大问题；参与水源地安全保护的各部门负直接责任，对各项工作编制详细科学的工作方案，做好工程预算与设计，不断强化质量意识，确保水源地安保工作保质保量按期完成。

5.1.4　信息互通、成果惠民

水源地供水安全涉及千家万户用水安全，而水源地保护区范围内村庄、社区、企业等搬迁工程也与当地居民息息相关。本次水源地安全保护工程的实施，要充分考虑当地实际情况，结合水源地安全保护需求，做好信息收集、搬迁安置等工作。水源地保护工程由不同部门组织实施，各部门要信息互通，建立起统一的水源地认识，采用统一的建设标准，加强水源地安全保护工程的合理性与规范性，最终使水源地安全保护工程落到实地，惠及民生。

5.2　对策及建议

5.2.1　加快推进水源地保护立法工作

目前宁夏回族自治区水源地保护工作虽已不同程度展开，各地市也根据实际情况制订了水源地保护方案，但水源地的保护与监管法规方面仍为空白，水源地生态保护红线划定等工作也缺少权威的技术规范支撑。建议在执行国家与行业有关标准的基础上，根据宁夏回族自治区水文地质条件，结合当地实际情况，探索适合宁夏的地下水集中供水水源地保护措施，尽快制定出台适合宁夏回族自治区实际情况的水源地保护规定，使水源地监管与保护有法可依，有据可查。

5.2.2　强化水源地管理体系建设

一方面，探索"政府平台地级库"的水源地大数据式管理模式，建立水源地统一管理体系，健全水源地监测网，从顶层设计与管理的角度，规范水源地运行与保护机制，实现区域水资源优化配置与一站式管理；另一方面，从后备水源地与应急水源地两方面着手，建立水源地应急保障机制。相关部门制定和完善《地下水集中供水水源地供水应急预案》，建立健全应急指挥系统，落实处置措施。认真执行水源地安全值班、报告制度和有效地预警、应急救助机制，一旦发生突发性污染事件，要及时启动应急监测、紧急处置、信息发布等各项程序，措施落实要到位。

5.2.3　开展经验总结，做好成果应用与推广

以地下水集中供水水源地较为集中的银川平原为突破口，实施水源地安全保护工程。在此基础上，吸收总结银川平原水源地保护区划定与各项保护工程建设过程中的各类技术与经验，将保护工程推广至全区，最终达到使宁夏回族自治区所有水源地均有所保护，所有城镇供水均有所保障的目的。

5.2.4　加强宣传与教育，提升公众参与保护水源地的意识

各级政府及相关部门向社会公布地下水集中供水水源地保护区地理界线，并在保护区内及周边设置宣传牌，加强地下水集中供水水源地保护的宣传和教育，提高民众环境保护意识，引导全民共同参与水源地保护工作，为社会经济发展和人民群众健康生活提供保障。

5.2.5　严把水源地勘探与运行过程中的技术关

银川平原地下水集中供水水源地开采目的层多为第Ⅱ含水岩组与第Ⅲ含水岩组，水源地勘探井施工技术要求较高，水源地孔位布设与勘探应由具有相关资质与业务水平的单位来完成；水源地运行过程中，部分存在超过评价年限、布井区范围调整等问题，需要由相关单位完成水源地再评价工作。管理部门应严把技术关，避免不合理勘探与开采造成水源地污染、超采等问题发生。

参考文献

[1] 丁一汇.人类活动与全球气候变化及其对水资源的影响[J].中国水利,2008(02):20-27.

[2] 李雪梅.全球近9亿人无法获得安全饮用水[EB/OL].新华网,2010.

[3] 樊乃根.中国水环境污染对人体健康影响的研究现状（综述)[J].中国城乡企业卫生,2014,29(01):116-118.

[4] 陆桂华,何海.全球水循环研究进展[J].水科学进展,2006(03):419-424.

[5] 王顺久.全球气候变化对水文与水资源的影响[J].气候变化研究进展,2006(05):222-227.

[6] 宋建军,张庆杰,刘颖秋.2020年我国水资源保障程度分析及对策建议[J].中国水利,2004(09):13-22.

[7] 刘昌明.二十一世纪中国水资源若干问题的讨论[J].水利水电技术,2002(01):14-19.

[8] 王曦.美国环境法概论[M].武汉大学出版社,1992.

[9] 杨克敌.环境卫生学[M].人民卫生出版社,2012:44-46,120-124,130-139,268-280.

[10] 袁弘任.水资源保护及其立法[M].中国水利水电出版社,2002.

[11] 楠方.国外的饮水安全三级屏障[J].中国水利报,2013(8):1-2.

[12] Rao C N. Safe Drinking Water The need,The problem,Solutions and An Action Plan[R]. Report of the Third World Academy of Sciences (TWAS),2002.

[13] The Secretariat of the World Water Assessment Programme （WWAP）. World Water Development Repoort ［R］. United Nations Educational,Scientific and

Cultural Organization(UNESCO) and Berghahn Books, 2003.

[14] 程艳军. 中国流域生态服务补偿模式研究[D]. 中国农业科学院, 2006.

[15] 董敏. 我国饮用水安全法律保障研究[D]. 山东科技大学, 2011.

[16] 苏腊红. 山西省饮用水水源地保护法律问题研究[D]. 山西大学, 2012.

[17] 段晓娟. 我国饮用水水源地保护制度完善探析[D]. 昆明理工大学, 2012.

[18] 伏总强, 周文生, 孙永明, 等. 宁夏典型城市地下水水源地保护研究[J]. 地下水, 2010, 32(02):27–29.

[19] 巩莹, 刘伟江, 朱倩, 等. 美国饮用水水源地保护的启示[J]. 环境保护, 2010(12):24–28.

[20] 苏淑慧, 张文霞. 浅谈隆德县农村饮水安全工程建设和运行管理[J]. 农业科技与信息, 2010(14):13–15.

[21] 张咸荣. 浦江县因地制宜推进农村饮水安全工程建设[J]. 中国水利, 2010(11):4–6.

[22] 郭新华, 丁建青, 王春男. 西宁市地下水环境现状与水源地保护建议[J]. 四川地质学报, 2010, 30(03):330–336.

[23] 王固华, 何飞, 李刚. 论黑龙江省饮用水水源地保护[J]. 环境科学与管理, 2010, 35(08): 120–123.

[24] 谭少华. 我国水资源与城市规划协调研究[J]. 地域研究与开发, 2001(02): 47–50.

[25] 许建玲. 我国饮用水安全管理体系问题及对策研究[D]. 哈尔滨工业大学, 2013.

[26] 卞莉. 江苏省集中式饮用水源地水环境状况评估及保护对策[D]. 南京农业大学, 2014.

[27] 陈红卫. 江苏省立法保护饮用水源地新意探析[J]. 水利发展研究, 2009, 9(01):63–67.

[28] 侯俊, 王超, 兰林, 等. 我国饮用水水源地保护法规体系现状及建议[J]. 水资源保护, 2009, 25(01):79–85.

[29] 姚治华,王红旗,李仙波,等.北京顺义区地下水饮用水源地安全评价[J].水资源保护,2009,25(04):91-94.

[30] 张文锦,唐德善.我国饮用水源地的保护与管理研究[J].人民黄河,2009,31(08):54-56.

[31] 李建新.德国饮用水水源保护区的建立与保护[J].地理科学进展,1998(04):90-99.

[32] 李建新,唐登银.生活饮用水地下水源保护区的划定方法——英国的经验值法与实例[J].地理科学进展,1999(02):59-63.

[33] 马春梅,罗桂林,马建军.宁夏饮用水源地保护与管理[J].安徽农业科学,2013,41(35):13714-13719.

[34] 李晓辉.西安市城市饮用水水源地保护现状调查与对策研究[J].地下水,2011,33(04):67-78.

[35] 王少杰.饮用水水源地保护立法问题探讨[D].烟台大学,2017.

[36] 哈丽芳.我国饮用水水源地保护立法探析[D].武汉大学,2017.

[37] 鲍威,陈名,曹婷婷.我国大都市水源地保护的现状及对策研究[J].生态经济,2015,31(08):162-166.

[38] 曲富国.辽河流域生态补偿管理机制与保障政策研究[D].吉林大学,2014.

[39] 张赛.承德市水资源保护补偿研究[D].河北师范大学,2010.

[40] 文黎照.浙江省饮用水源保护的法律规制[D].浙江农林大学,2010.

[41] 闫丽娟,耿直,袁建平.农村饮用水水源保护管理现状及对策建议[J].中国水利,2015(13):29-31.

[42] 朱凤连,马友华,周静,等.我国畜禽粪便污染和利用现状分析[J].安徽农学通报,2008(13):48-62.

[43] 陈岩,孟凡朋,陈冬青.浅谈面源污染的现状与防治对策[J].山东环境,2002(01):18.

[44] 吴淑杭,姜震方,俞清英.禽畜粪便污染现状与发展趋势[J].上海农业科技,2002(01):9-10.

［45］ 吴启堂,高婷.减少农业对水体污染的对策与措施[J].生态科学,2003(04):371-376.

［46］ 国家环境保护总局自然生态保护司.全国规模化畜禽养殖业污染情况调查及防治对策[M].中国环境科学出版社,2002(25):77-78.

［47］ 侯蓓丽.论我国饮用水水源保护管理体制立法及其完善[D].中国政法大学,2009.

［48］ 任世丹,杜群.国外生态补偿制度的实践[J].环境经济,2009(11):33-39.

［49］ 任力,李宜琨.流域生态补偿标准的实证研究——基于九龙江流域的研究[J].金融教育研究,2014,27(02):33-38.

［50］ 陈鸿汉,刘明柱.地下水饮用水源保护的分析及建议[J].环境保护,2007(02):58-60.